生物化学实验指导

（第3版）

主　编　袁榴娣

副主编　李淑锋　汪道涌

编　者　（按姓氏拼音为序）

丁　洁　孔　岩　李淑锋

刘　璇　毛晓华　穆明道

汪道涌　王大勇　武秋立

于晓明　袁榴娣

U0254773

东南大学出版社

SOUTHEAST UNIVERSITY PRESS

·南京·

图书在版编目(CIP)数据

生物化学实验指导 / 袁榴娣主编. —3 版.

南京：东南大学出版社，2024.9 — ISBN 978 - 7 - 5766 -

1535 - 7

Ⅰ. Q5 - 33

中国国家版本馆 CIP 数据核字第 2024DT8611 号

责任编辑:陈潇潇(380542208@qq. com)

责任校对:韩小亮　**封面设计**:王　玥　**责任印制**:周荣虎

生物化学实验指导(第 3 版)

Shengwu Huaxue Shiyan Zhidao(Di 3 Ban)

主　　编	袁榴娣	
出版发行	东南大学出版社	
出 版 人	白云飞	
社　　址	南京四牌楼 2 号　邮编:210096	
网　　址	http://www. seupress. com	
电子邮件	press@ seupress. com	
经　　销	全国各地新华书店	
印　　刷	广东虎彩云印刷有限公司	
开　　本	700 mm×1000 mm　1/16	
印　　张	10	
字　　数	160 千字	
版　　次	2007 年 8 月第 1 版　2024 年 9 月第 3 版	
印　　次	2024 年 9 月第 1 次印刷	
书　　号	ISBN 978 - 7 - 5766 - 1535 - 7	
定　　价	30. 00 元	

* 本社图书若有印装质量问题,请直接与营销部调换。电话(传真):025 - 83791830。

再版前言

生物化学是一门重要的实验性学科，是在分子水平研究生命现象的学科，是医学院校的主干与重点学科之一。随着该学科理论和技能的迅猛发展，已渗入生物学及医药农林的各分支领域，并正在迅速改变它们的面貌，不仅为这些学科的发展提供了重要的理论依据，而且为这些学科的研究提供了新颖而先进的技术和方法。对生物化学实验技术的掌握已成为这些学科在新的高度和水平揭示生命奥妙的共同需求。

本书是在我们多年使用的本科《生物化学实验指导》第二版的基础上，紧扣理论教学大纲的内容，经修订、改编，并补充了部分实验内容而成。内容分为前后呼应的两大部分，前一部分介绍常用生物化学实验的基本理论，包括生物化学实验中的基本操作、分光光度法、离心、电泳、层析、蛋白质的分离纯化、核酸的分离纯化、聚合酶链反应（PCR）技术等，以供学生实验时查找及老师讲解。后一部分是实验部分，根据理论教学大纲，每一部分理论内容均安排了相应的实验，同时还有几个综合性实验。目的是培养学生动手能力和良好的科研素养，为学生将来的工作和学习奠定基础。

本书是我们多位老师和学生从教学和科研中总结出的经验，经不断完善并提取的精华。在编撰和修订中，由袁榴娣、李淑锋、汪道涌、丁洁、毛晓华、孔岩、刘璇、穆明道、武秋立、于晓明、王大勇执笔，袁榴娣统稿。

由于我们的水平有限，有错误的地方，请读者批评指正。

编　者

2024 年 8 月 8 日

目录

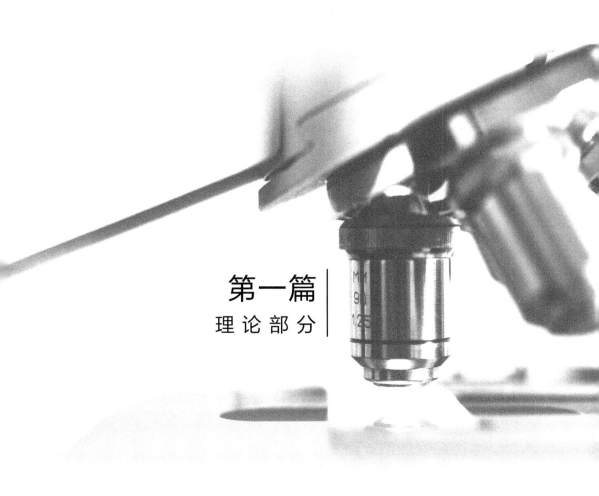

第一篇

理 论 部 分

第一章

生物化学实验中的基本操作

一、玻璃器皿的洗涤与干燥

生化实验常用各种玻璃器皿,其清洁程度直接影响实验结果的准确性。因此,清洁玻璃器皿不仅是实验前后的常规工作,也是一项重要的技术性工作。清洗玻璃器皿的方法很多,需根据实验要求、污物性质和污染程度选用合适的清洁方法。

1. 新购玻璃器皿的清洗　新购玻璃器皿,其表面附有碱质,可先用肥皂水刷洗,再用流水冲净,浸泡于 1%～2% 盐酸中过夜,再用流水冲洗,最后用蒸馏水冲洗 2～3 次,干燥备用。

2. 使用过的玻璃器皿的清洗

(1) 一般玻璃器皿:如试管、烧杯、锥形瓶等,先用自来水冲洗后,用肥皂水或去污粉刷洗,再用自来水反复冲洗,去尽肥皂水或去污粉,最后用蒸馏水淋洗 2～3 次,干燥备用。

(2) 容量分析器皿:吸量管、滴定管、容量瓶等,先用自来水冲洗,待晾干后,再用铬酸洗液浸泡数小时,然后用自来水充分冲洗,最后用蒸馏水淋洗 2～3 次,干燥备用。

(3) 比色杯:用毕立即用自来水反复冲洗。洗不净时,用盐酸或适当溶剂冲洗,再用自来水冲洗。避免用碱液或强氧化剂清洗,切忌用试管刷或粗糙布(纸)擦洗,晾干备用。

上述所有玻璃器皿洗净(以倒置后器壁不挂水珠为洗净标准)后,根据需要晾干或烘干。

3. 玻璃器皿的干燥　玻璃器皿洗净后,一般将洗净的器皿倒置一段时间,晾干后即可使用。有些实验须严格要求无水,此时,可将洗净并将水倒干后的器皿放在烘箱中烘干(但容量器皿不能在烘箱中烘,以免影响体积准确度)。有盖(塞)的玻璃器皿,如试剂瓶等,应去盖(塞)后烘烤。较大的器皿或者在洗涤后立即使用的器皿,为了节省时间,可先将水尽量沥干后,加入少量丙酮或乙醇摇洗(使用后的丙酮或乙醇应倒回专用的回收瓶中),再用电吹风吹干。先吹冷风 1～2 分钟,待大部分溶剂挥发后,再吹入热风使干燥完全

（有机溶剂蒸汽易燃、易爆，故不宜先用热风吹），吹干后再吹冷风使器皿逐渐冷却。

二、移液器的使用

1. 刻度吸量管的使用方法（图1-1）　刻度吸量管的规格有 0.1 ml、0.2 ml、0.5 ml、1 ml、2 ml、5 ml 及 10 ml 等，供量取 10 ml 以下任意体积的液体之用。

（1）执管：用右手中指和拇指拿住吸量管上口，以食指控制流速。刻度数字应朝向操作者。

（2）取液：把吸量管插入液体内（切忌悬空，以免液体吸入洗耳球内），左手将洗耳球对准吸量管上口，轻轻吸取液体至所取液量的刻度上端1~2 cm处，然后迅速用食指按紧吸量管上口，使管内液体不再流出。

吸取液体　　　　　放出液体

图1-1　刻度吸量管的使用方法

（3）调准刻度：将已吸足液体的吸量管提出液面，用滤纸片擦干管尖外壁残留液体，然后垂直提起吸量管于供器内口（管尖悬离供器内液面），下口与试剂瓶接触，并成一个角度；用食指控制液体流至所需刻度，此时视线、液体凹面和刻度应在同一水平面上，并立即按紧吸量管上口。

（4）放液：吸量管移入准备接受溶液的容器中，仍使其出口尖端接触器壁（管尖应接触受器内壁，但不应插入受器内的原有液体之中，以免污染吸量管及试剂），并成一个角度，吸量管仍保持垂直。放松食指，让液体自然流出（如移液管标有"吹"字，则应将管口残余液滴吹入受器内）。移液管应最后靠壁15秒。

（5）洗涤：吸取血液、尿、组织样品及黏稠试剂的吸量管，用后应及时用自来水冲洗干净。如果吸取一般试剂的吸量管可不必马上冲洗，待实验毕，用自来水冲洗干净。晾干水分，再浸泡于铬酸洗液中。

2. 可调式移液器的使用　枪式移液器主要有：5 000 μl、1 000 μl、200 μl、20 μl、10 μl 等，供量取 5 ml 以下任意体积的液体之用。结构见图1-2，其内部柱塞分2段行程，第1挡为吸液，第2挡为放液。

使用步骤如下：

（1）调体积选取旋钮至所需值；

（2）套上枪头；

（3）垂直持握枪式移液器外壳，用拇指按至第一挡；

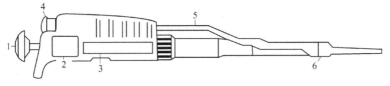

1. 液体吸取钮;2. 体积选取钮;3. 体积显示;
4. 枪头排放钮;5. 枪头排放器;6. 枪头接嘴

图1-2 枪式移液器的使用方法

(4) 将枪头插入溶液,徐徐松开大拇指,使其复原;

(5) 排放时,重新将大拇指按下,至第一挡后,继续按至第二档排空。

注:移液过程应控制速度、力度。

三、溶液的混匀

样品与试剂的混匀是保证化学反应充分进行的一种有效措施。为使反应体系内各物质迅速地互相接触,必须借助于外加的机械作用。混匀时须防止容器内液体溅出或被污染,严禁用手指直接堵塞试管口或瓶口振荡。混匀的方式大致有以下几种,应根据使用的器皿和液体容量而选用。

1. 旋转混匀法 用手握住容器,使溶液作离心旋转。该法适用于未盛满液体的试管或小口径器皿(如锥形瓶),旋转试管时宜用手腕旋转。

2. 指弹混匀法 此法多用于试管内溶液的混匀。用左手持试管上端,用右手指轻轻弹动试管下部,使管内溶液作漩涡运动;或用右手持试管上端,在左手掌上打击的方法混匀内容物。

3. 颠倒混匀法 适用于有塞的容量瓶及有塞试管内容物的混匀。一般试管内容物混匀时可用聚乙烯等薄膜封口,再用手按住管口颠倒混匀。

4. 吸量混匀法 用吸量管或移液器将溶液反复吸放数次,使溶液充分混匀。

5. 玻棒搅动法 适用于烧杯、量筒内容物的混匀。如固体试剂的溶解和混匀。

其他尚有电磁搅拌混匀法和振荡器混匀法等。

四、干燥器的使用

实验过程中,一些易吸潮的固体、灼烧后的坩埚或需较长时间保持干燥的实验样品等应放在干燥器内,以防吸收空气中的水分。干燥器由厚质玻璃制成,其磨口盖上涂有一层薄薄的凡士林,起密封作用。干燥器底部盛放变色硅胶之类的干燥剂,中下部放置一块带孔的瓷板,用于承载被干燥的物品。使用时,用左手按住干燥器主体,右手按住盖的圆柄,向左前方推开盖子,放入被干燥的物品后,用同样的方法将盖子推合。如果被干燥物的温度较高,推合盖子时应留一条很小的缝隙,待其冷却后再盖严。以防内部热空气冲开盖子,或因冷却后的负压使盖子难以推开。移动干燥器时,应用双手拇指同时按住盖子,避免盖子滑落。

五、台式离心机的使用

利用离心机转动的离心力,使比重较大的沉淀物沉积在管底部,实现其与液体介质的有效分离,上层液体为"上清液"。使用离心机时应严格遵守下列操作规程。

1. 离心前先将盛有样品的离心管(或试管)和套管在台秤上平衡,调节双方重量相等,否则当离心机转动时容易受损。

2. 双方平衡后,分别放在离心机转盘的对称两孔洞内。

3. 检查电源,插好插头,打开电源开关,调好所需转速,按下启动开关,开始离心。在转动中,离心机机身应平稳,声音均匀,如有机身不稳或声音异常,表示对称两管的重量不等,应立即停止离心。

4. 离心时间到时,离心机自动减慢速度直至停止,严禁用手强制使其转动停止。

5. 最后将离心管取出,离心套管倒置于固定架内。

六、水浴箱的使用

水浴箱是利用电加热使水箱内温度保持恒定的仪器,是生物化学实验的常用设备。

1. 使用前应加入蒸馏水,并插好温度计。

2. 通电后红色指示灯亮,表示电热管已加热,观察温度计到达所需温度时,微微转动控制器旋钮,到达指示灯忽明忽暗之点,稍待数分钟后,即能自动保持箱内温度恒定。

3. 经常注意箱内外整洁,箱内水至少每 2 周更换及洗刷一次。

第二章

分 光 光 度 技 术

光是由光子所组成,光线就是高速向前运动的光子流,光的本质是一种电磁波,传播过程呈波动性质,具有波长和频率的特征。

将电磁波按波长(或频率)顺序排列起来,即得:

γ射线	X射线	紫外线	可见光	红外线	无线电用电磁波

人肉眼可见的光线称可见光,波长范围在 400~760 nm;

200~400 nm 为紫外光区;

760~50 000 nm 为红外光区。

(1 nm$=10^{-3}\mu$m$=10$Å,即 1Å$=10^{-8}$ cm)

可见光区的电磁波,因波长不同而呈现不同的颜色,这些不同颜色的电磁波称为单色光。单色光并非单一波长的光,而是一定波长范围内的光。太阳及钨丝灯发出的白光,是各种单色光混合而成(复合光),利用棱镜可将白光分成按波长顺序排列的各种单色光,即红、橙、黄、绿、青、蓝、紫等,这就是光谱。

一切物质都会对某些波长的光进行吸收,而物质对不同波长的射线,表现为不同的吸收现象,这一性质称为选择性吸收。有色溶液之所以呈现不同颜色,是因为这种对光的选择性吸收所致。某些无色物质虽对可见光无吸收作用,但也能选择性地吸收在可见光范围外的部分光能,即可吸收特定波长的紫外线或红外线。物质的吸收光谱与它们本身的分子结构有关,不同物质由于其分子结构不同,对不同波长光线的吸收能力也不同,因此每种物质都具有其特异的吸收光谱,在一定条件下,其吸收程度与物质浓度成正比,故可利用各种物质的不同的吸收光谱特征及其强度对不同物质进行定性和定量的分析。吸收光谱的测定可用来检测各种不同的物质。

一、分光光度法的基本原理

分光光度法是利用被测物质对单色光吸收或反射的强度来进行物质的定性、定量或结构分析的一种方法,常被用来测定溶液中存在的光吸收物质的浓度,其基本原理是根据 Lambert 和 Beer 定律。

（一）Lambert 定律

一束单色光垂直照射于一均匀物质（溶液）时，由于溶液吸收一部分光能，使光的强度减弱，若溶液的浓度不变，则溶液的厚度越大，光线强度的减弱也越显著。

设：入射光强度为 I_0，溶液的厚度（即光程）为 L，出射光（透过光）强度为 I：

$$I_0 \longrightarrow \quad \Big| \quad \overset{\longleftarrow L \longrightarrow}{} \quad \Big| \quad \longrightarrow I$$

根据辐射能理论推导，I_0 与 I 之间关系为：

$$\lg(I_0/I) = K_1 L \tag{1}$$

式中，K_1 是常数，受光线波长、溶液性质、溶液浓度的影响。

（二）Beer 定律

当一束单色光通过一溶液时，溶液介质将吸收一部分光能，若溶液的厚度不变，则溶液浓度 C 越大，光吸收越大，透射光线强度的减弱也越显著，即光强度减弱的量与溶液浓度增加量成正比。

$$\lg(I_0/I) = K_2 C \tag{2}$$

式中，K_2 是常数，为吸收系数，溶液对光吸收的多少与溶液浓度 C 成正比。

（三）Lambert-Beer 定律

式（1）与式（2）合并

$\lg I_0/I = KCL$

令 $A = \lg I_0/I$ $\qquad\qquad$ $T = I/I_0$

则 $A = KCL$ $\qquad\qquad$ $A = -\lg T$

其中，T 为透光度；A 为吸光度（光密度，消光度）；K 为常数，又称消光系数（extinction coefficient），表示物质对光线吸收的能力，其值因物质种类和光线波长而异。对于相同物质和相同波长的单色光则消光系数不变。

（四）计算

根据 Lambert-Beer 定律，如果单色光的波长、溶液的性质和溶液的厚度一定时，用一个已知浓度的标准液和一个未知浓度的待测液进行比色分析就可以得出以下运算公式：

$A_标 = KC_标 L$ $\qquad\qquad$ $A_样 = KC_样 L$

由于是同一类物质和相同光径，故：

$$\frac{A_样}{A_标} = \frac{KC_样 L}{KC_标 L} = \frac{C_样}{C_标}$$

$$C_样 = \frac{A_样}{A_标} \cdot C_标$$

式中，$C_样$＝待测样品浓度，$A_样$＝待测样品吸光度。

$\qquad\quad$ $C_标$＝标准溶液浓度，$A_标$＝标准溶液吸光度。

根据上式可知，对于相同物质和相同波长的单色光（消光系数不变）来说，溶液的吸光度和溶液的浓度成正比。故根据已知标准溶液的浓度及吸光度，按公式可计算出待测样品溶液的浓度。

二、分光光度法在生物化学中的应用

利用分光光度法对物质进行定量测定，主要有如下几种方法：

（一）标准曲线法

用已知浓度的标准溶液，配制成一系列不同浓度的标准溶液，在最大吸收波长（λ_{max}）处测得各个吸光度（A 值），以吸光度 A 为纵坐标，浓度 C 为横坐标，绘制标准曲线（A-C 曲线），取其直线部分作定量依据。

在测定被测样品时，以相同条件在 λ_{max} 处测定 A 值，再从标准曲线上查得该样品的相应浓度。

标准曲线制作与测定管的测定，应在同一仪器上进行，在配制样品时，一般选择其浓度相当于标准曲线中直线部分的浓度。

（二）直接比较法（标准管法）

将样品溶液与已知浓度的标准溶液浓度在相同条件下在 λ_{max} 处分别测定 A 值（因为在此条件下，两者 K 值相等），然后根据下列公式，求得样品溶液的浓度：

$$\frac{A_标}{C_标}=\frac{A_样}{C_样}$$

则

$$C_样=\frac{A_样}{A_标}\cdot C_标$$

（三）吸收系数法

1. 摩尔消光系数（ε） 又称克分子消光系数。即溶液浓度为 1 mol/L，溶液厚度为 1 cm 时的吸光度值（光密度值）。ε 值在 λ_{max} 时可在一定实验条件下测得或从药典手册中查出。

在已知 ε 的条件下，可将样品在同样条件测定其 A 值，再根据下式求得样品溶液的浓度。

$$C=\frac{A}{\varepsilon}$$

2. 百分消光系数（$E_{1\,cm}^{1\%}$） 即浓度以百分浓度（g/100 ml）来表示的消光系数，实际上即溶液浓度为 1％及厚度为 1 cm 时的光密度值。

$$C=\frac{A}{E_{1\,cm}^{1\%}}$$

用不同波长的单色光作为入射光分别通过被测溶液,记录被测溶液对每一波长的吸光度(A),然后以波长(λ)为横坐标,相应的吸光度(A)为纵坐标作图,可得到某种物质的特征性吸收光谱曲线。在吸收光谱中,往往可以找到一个或几个大的吸收值。其中最大吸收峰处波长称为最大吸收波长(λ_{max})。物质不同,它们的最大吸收波长也往往不同。图 2-1 为维生素 B_{12} 的吸收光谱曲线。

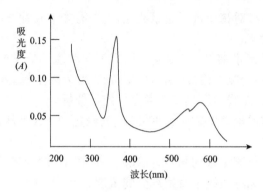

图 2-1 维生素 B_{12} 水溶液的吸收光谱

三、分光光度计的结构与使用

能从含有各种波长的混合光中将每一单色光分离出来并测量其强度的仪器称为分光光度计。

分光光度计因使用的波长范围不同而分为紫外光区、可见光区、红外光区以及万用(全波段)分光光度计等。无论哪一类分光光度计都由下列五部分组成,即光源、单色器、狭缝、吸收池、检测系统。如图 2-2 所示。

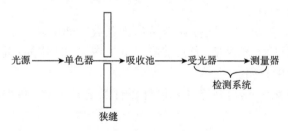

图 2-2 分光光度计的结构图

(一)光源

一个良好的光源要求具备发光强度高,光亮稳定,光谱范围宽和使用寿命长等特点。

分光光度计上常用的有白炽灯(钨灯、卤钨灯等),气体放电灯(氢灯、氘灯及氙灯等),以及金属弧灯(各种汞灯)等多种。有钨灯和氢灯(或氘灯)的分光光度计,光源的供电需要由稳压电源供给。钨灯灯管发黑时,应及时更换,如换用的灯管型号不同,还需要调节灯座的位置和焦距。氢灯及氘灯的灯管或窗口是石英的,且有固定的发射方向,安装时必须仔细校正。接触灯管时应戴手套以防留下污迹。

(二) 单色器

单色器是将混合光波分解为单一波长光的装置,多用棱镜或光栅作为色散元件,它们能在较宽光谱范围内分解出相对纯波长的光线,通过此色散系统可根据需要选择一定波长范围的单色光,单色光的波长范围越窄,仪器的敏感性越高,测量的结果越可靠。

(三) 狭缝

狭缝是由一对隔板在光通路上形成的缝隙,通过调节缝隙的大小调节入射光的强度,并使入射光形成平行光线,以适应检测器的要求,分光光度计的狭缝可在 $0\sim2$ mm 宽度内调节。

(四) 吸收池

吸收池也叫比色杯、比色皿或比色池,一般由玻璃或石英制成。在可见光范围内测定时选用玻璃吸收池,在紫外线范围内测定时必须用石英池。

注意保持比色杯的清洁,是取得良好分析结果的重要条件之一。吸收池上的指纹、油渍或壁上的沉积物,都会显著地影响其透光性,因此务必注意仔细操作、及时清洗并保持清洁。

(五) 检测系统

主要是由受光器和测量器两部分组成,常用的受光器有光电池、真空光电管或光电倍增管等。它们可将接受到的光能转变为电能,并应用高灵敏度放大装置,将弱电流放大,提高敏感度。通过测量所产生的电能,由电流计显示出电流的大小,在仪表上可直接读出 A 值、T 值。较高端的仪器,还常附有电子计算及自动记录器,可自动描出吸收曲线。

四、常见的 722 型分光光度计

722 型分光光度计,其光谱范围在 $360\sim800$ nm,所有部件在一部主机里,操作方便,灵敏度高,图 2-3 为其结构示意图。

此仪器的最大特点为受光器不是光电池,而是光电管。光电管的阴极表面(光表面)有一层对光灵敏的物质,当光照射到光电管后,会发射出光电子,此光电子向阳极运动,形成光电流。

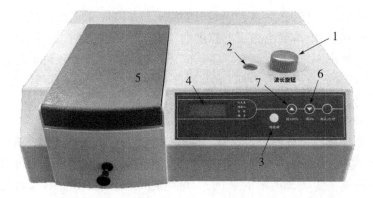

1. 波长调节旋钮；2. 波长指示窗口；3. 透光率/吸光度/浓度选择按钮；

4. 测定值显示屏；5. 比色室；6. "0"调节按钮；7. "100％"调节按钮

图 2 - 3　722 型分光光度计外观图

操作方法：

（1）接上电源，打开比色室"5"暗箱盖（光门挡板自动遮住光道），打开电源开关，将仪器预热约 20 分钟。旋转波长旋钮"1"，选择所需波长。

（2）将空白、标准及测定溶液分别放入干净的比色杯中，依次放在比色杯架中。

（3）将空白管置于光路上，盖上暗箱盖，调节按钮"3"选择透射比，调节按钮"7"，使读数窗口显示为"100.00"；调节按钮"3"选择吸光度，调节按钮"6"，使读数窗口显示吸光度为"0.00"。

（4）将标准液及待测液的比色杯依次推入光道，即可从自动电流计直接读出吸光度值。

（5）使用完毕后，将开关放回到"关"位，切断电源。将比色杯取出，用蒸馏水充分洗涤干净。

第三章

离心技术

离心技术(centrifugation)是利用物质在离心力的作用下,按其沉降系数的不同而分离的技术。物质的沉降速度取决于其相对分子质量、大小和密度。离心技术是生物化学和分子生物学研究中常用的技术之一,主要用于各种生物样品的分离和制备。

离心分离原理的早期应用可以追溯到中国古代。人们常常用绳子系住陶罐,手握绳子的另一端,甩动陶罐,利用产生的离心力,将陶罐中蜂巢内的蜂蜜分离出来。20 世纪初,发明了超速离心机。由于超速离心法比较温和,分离的样品量较大,是目前生物学、医学、制药工程等领域中最常用的技术之一。超速离心技术的应用已有接近 100 年的历史,其发展过程可以分为以下几个阶段:

① 1923 年,瑞典化学家 Svedberg 设计和制造了世界上第一台具有光学系统的分析超速离心机,最高转速可达到 45 000 rpm。1926 年,Svedberg 用自己设计的超速离心机测定了马血红蛋白的相对分子质量,并首次证明了蛋白质是生物大分子。1940 年,他和 Pederson 撰写了世界上第一本有关离心技术的专著。Svedberg 由于发明了超速离心机并用于高分散胶体物质的研究,于 1926 年获得诺贝尔化学奖。离心分析中常用的沉降系数就是以 Svedberg 名字为单位的。1 Svedberg $= 10^{-13}$ 秒。

② 随着离心技术的发展,离心的基本理论和方法日趋完善。1951 年,Brakke 在差速离心法的基础上发展了速率区带离心。

③ 1955 年,Anderson 发明了区带转头,并用区带离心法首次证明了 DNA 双螺旋结构半保留复制的假说。同时,离心机制造工艺也在不断提高,尤其是区带转头的出现,高强度的钛合金材料的应用,半导体、集成电路、计算机技术的发展以及高频调速电机的使用,使得离心机的性能有了质的飞跃,给离心技术提供了广阔的应用前景和发展空间。

④ 20 世纪 90 年代中期,采用超强、超轻材料制造出的碳素转头,其抗拉强度比钛合金还强,这对提高离心机的速度是非常有利的。

一、基本原理

离心技术是根据物质在离心力场中不同的行为来分离物质的。固体物质颗粒在一定的液相介质中做匀速圆周运动时,会受到离心力的作用(F)。离心力是一种虚拟力,是一种惯性的体现,它能使旋转的物体远离旋转中心。离心力的大小,取决于离心转头的角速度(ω,单位:rad/s)和物质颗粒距离心轴的距离(r,单位:cm),ω 指转头每秒转过的弧度数。因此,离心力与角速度和距离的关系用方程式 $F = \omega^2 r$ 表示。不同的颗粒,由于其自身的质量、密度、大小等因素的不同,在同一液相介质中做圆周运动时所受的浮力、摩擦力及离心力的大小不同,因而其沉降速度亦不相同,在同一离心力场作用一定时间后,就能彼此分离,离心机就是根据这一原理进行工作的。

(一)沉降现象

任何物体受重力的作用都具有下沉作用,称之为沉降现象。物体在沉降过程中,其下沉的力在某个时刻与摩擦力和浮力达到平衡,使物体的受力为 0,这时物体将做匀速运动,这一速度被称为临界速度。

(二)颗粒在重力场的运动

一个球形颗粒在具有重力场的液体介质内,受到地球引力、溶液浮力和溶液黏滞力的作用,出现不同的运动。颗粒在重力场的作用下,向重力场方向的加速度只能持续一段时间。这是由于颗粒在做加速度运动的同时,受到的摩擦阻力也越来越大,阻止它在介质中的运动。

(三)颗粒在离心场中的沉降

1. 颗粒在离心场的受力 颗粒在离心场中受到 5 种作用力,即离心力、与离心力方向相反的向心力、重力、与重力方向相反的浮力,以及介质摩擦力(黏滞力)。

2. 离心力的产生 地球表面的重力加速度几乎是一个常数,依靠重力作用使细微颗粒在液体介质中沉降是不够的。对于分离生物材料的样品,如细胞、细胞器、细菌、病毒、蛋白质和核酸等生物大分子来说,由于颗粒非常细,依靠自然沉降是不能达到完全分离,只能通过离心力的作用才能使它们沉降下来。物体在围绕旋转轴以角速度旋转时,就产生了离心场,物体在离心场中受到离心力的作用。

离心力(F)常用相对离心力(relative centrifugal force,RCF),即地心引力的倍数来表示。即把 F 值除以重力加速度 g(约等于 980 cm/s²)得到离心力是重力的多少倍,称作多少个"g"。所以:

$$RCF = \frac{\omega^2 r}{g} = \frac{\omega^2 r}{980}$$

ω 是离心转子的角速度(弧度/秒),r 是分子到旋转中心的距离。

为了使用方便,常用离心机的转速,即转头每分钟的转数(rpm)来表达RCF,可将角速度变成转速:

$$\omega = \frac{2\pi(\text{rpm})}{60} = \frac{\pi(\text{rpm})}{30}$$

$$RCF = \frac{\omega^2 r}{g} = \frac{(\pi\ \text{rpm}/30)^2}{980}r = 1.119 \times 10^{-5}(\text{rpm})^2 r$$

因此,从上式可知,只要知道离心机的转速及离心管中某物质颗粒到离心轴的中心垂直距离 r,就能够计算这个颗粒所受的离心力。对于同一转头而言,由于半径不变,增加转速也就相当于提高了相对离心力。

通常,超速离心时,用"g"来表示,在低速离心时,则用"rpm"表示。

3. 沉降系数 在离心力场作用下,物质颗粒以一定的速度向离心管底部移动,移动的速度可用下公式表示:

$$v = \frac{\mathrm{d}r}{\mathrm{d}t}$$

v 为沉降速度,即在离心力的作用下,物质粒子在单位时间内沿离心力方向移动的距离,单位是米/秒。沉降速度与离心力场成正比,这一比例常数就是沉降系数(sedimentation coefficient),用 S 表示。

$$S = \frac{沉降速度}{单位离心力场} = \frac{\mathrm{d}r/\mathrm{d}t}{\omega^2 r}$$

沉降系数是指在单位离心力场中,颗粒沉降的速度。沉降系数的单位是秒(s),由于许多生物大分子的沉降系数很小,因此定义 10^{-13} s 为一个单位。为了纪念超速离心分析的创始人 Svedberg,10^{-13} s 这个数量级也称为一个 Svedberg 单位。沉降系数是生物大分子的特征常数,除了与颗粒的密度、形状和大小有关,还与介质的密度、黏度有关,因此它与温度和浓度有密切的依赖关系。对于相同的样品,在不同的温度、浓度和介质中测得的沉降系数值是不同的。为了比较在不同条件下测得的沉降系数,通常规定在温度为 20℃、以水为介质的条件下测得的 S 值为标准状态 S 值。非标准状态下的 S 值可以通过公式进行校正。对于生物材料而言,大多数样品都是以水为介质的,在此不再详细介绍非标准状态的 S 值校正公式。蛋白质的沉降系数通常在 $1\sim200$ 之间。

表 3-1 某些生物样品的沉降系数、相对离心力和转速的一般范围

样品	沉降系数(S)	RCF(×g)	转速(rpm)
细胞	$>10^7$	<200	$<1\ 500$
细胞核	$4\times10^4\sim10^7$	$600\sim800$	$3\ 000$
线粒体	$2\sim7\times10^4$	$7\ 000$	$7\ 000$

样品	沉降系数(S)	$RCF(\times g)$	转速(rpm)
微粒体	$50\sim10^4$	10^5	30 000
DNA	$10\sim120$	10^5	30 000
RNA	$4\sim50$	4×10^5	60 000
蛋白质	$2\sim25$	$>4\times10^5$	$>60\,000$

4. 与沉降相关的因素

（1）离心速度：离心速度大小决定了颗粒沉降的快慢，不同大小的颗粒使用不同的离心速度。颗粒质量大，在离心场中沉降速度快，只需低速离心；反之，颗粒质量小，在离心场中沉降速度慢，需高速离心。

（2）温度：不同温度下，离心介质的黏度会发生变化。因此，在离心时需要保持温度恒定，尤其梯度离心对温度较为敏感，对离心环境的温度要求更加严格。

（3）离心时间：通过离心机设定和记录一个精确时间并不难，但如何控制达到最大速度离心所需的时间至关重要。有的离心机提速较快，而有的离心机提速较慢。如果设定一个相同的离心时间，提速较快的离心机就会先达到离心所需的最大速度，而提速较慢的离心机则会较迟达到离心所需的最大速度。因此，离心时间较短的样品往往与真正所需的离心时间存在差别，而对于离心时间较长的样品影响不大。

（4）离心半径：离心机转头的半径大小会影响到离心体积和颗粒下沉的距离。

二、离心技术方法的分类

根据离心过程中液相介质的密度是否均匀，离心技术方法可分为均匀介质离心和密度梯度离心。

（一）均匀介质离心

均匀介质是指在离心前后，液相介质本身的密度始终保持一致。均匀介质离心技术可分为两种：澄清性离心和差速离心。

1. 澄清性离心(clarification centrifugation)　是生化实验室中常见的离心方法，主要用于物质的制备和纯化。此法可去除液相中的固体杂质，或将固液两相分离。操作时，将样品注入离心管中，在适当的转速条件下离心一定时间后，固相颗粒直接沉降到管底形成沉淀。倾出上清液，即可将两相分离。典型的例子是离心分离血清。

2. 差速离心(differential centrifugation)　是建立在颗粒的大小、密度和形状有明显的不同,沉降系数存在较大差异的基础上进行分离的方法。利用颗粒在离心场中的沉降系数差异进行逐级分离的离心方法,又称为差速分级离心法。先在较低的离心力场作用下离心一段时间,此时,相对分子质量大的样品颗粒可以沉降下来,而较小的固体颗粒仍分散在液相中。将上清液转移到另一离心管中,增加离心力场强度,在一定时间内,另一类相对分子质量大的样品颗粒也会完全沉淀下来。如此反复进行,即可将样品中不同大小的固体物质分离开来。如要研究细胞的结构和功能,即可利用差速离心技术进行细胞亚组分的分离。差速离心操作比较麻烦,其得率和纯度不可能做到二者兼得,每次离心得到的沉淀物纯度随着离心次数的增加而提高,但得率随着离心次数的增加而降低。所以差速离心一般用于粗级分离,而不用于精细分离。

（二）密度梯度离心

凡是使用密度梯度介质离心的方法均称之为密度梯度离心(density gradient centrifugation)或称区带离心。离心时,液相介质密度在同一离心管中的上部至下部逐渐增大,形成一定的梯度。这种密度梯度可以是连续的,也可以是不连续的;可以是在离心前预先配制的,也可以在离心过程中逐渐形成的。密度梯度离心比差速分级离心的分辨率高,可以同时使混合样品中沉降系数相差在10％～20％的几个组分分开,得到的产品纯度也较高。由于密度梯度本身具有很好的抗对流、抗扰动作用。在密度梯度离心中,由于梯度的存在,沉淀的样品会被压实,对物质样品的结构和形状起到了保护作用。

用于配制密度梯度的化合物需满足一定的要求:① 不能与样品发生化学反应;② 对于生物样品来说,这些化合物不能影响其天然结构和生物活性;③ 最好是无色透明的,且在介质溶剂中具有较大的溶解度。常用的化合物有蔗糖、甘油、氯化铯和硫酸铯等。

根据分离原理的不同,密度梯度离心技术可分为两种类型:一种是根据颗粒的不同沉降速度而分层的,称之为速率区带离心;另一种是根据颗粒不同密度而分层的,称之为等密度区带离心。

1. 速率区带离心(rate zonal centrifugation) 又称密度梯度区带离心,是根据大小不同、形状不同的颗粒在梯度介质中沉降速度不同建立起来的分离方法。离心前预先在离心管内装入密度梯度介质(如蔗糖、CsCl 等),介质密度自上而下递增。被分离物质的样品溶液位于梯度介质的上面,在离心力的作用下样品中的各组分以不同的沉降速度沉降,当颗粒的沉降力与某一密度区域的浮力相等时,颗粒就停留在该密度区域内,使各组分达到分离的目的。此法特别适合密度相近、颗粒大小和形状不同的组分分离。该法的特点是区带内固相物质颗粒的密度大于该处液相介质的密度,同时密度相同但大小不同的颗粒位于不同的区带。该法的缺点是需要严格控制离心时间,如果离心时间过长,所有样品颗粒都将沉降到离心管底部,无法达到分离的目的。该方法可用于分离细胞、细胞器、DNA 和蛋白质。

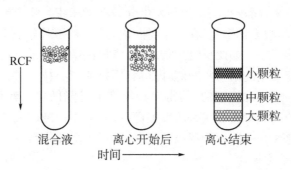

图 3-1　速率区带离心

2. 等密度区带离心(isopycnic centrifugation)　是根据颗粒密度的差异进行分离的。该方法的特点是物质的沉降分离与其大小和形状无关,而取决于物质的密度。因此选择相应的介质密度和使用合适的密度范围是非常重要的。等密度区带离心中介质的密度范围正好包括所有待分离颗粒的密度,梯度介质的最大密度大于样品物质的最大密度。在这种离心方法中,介质的密度梯度不是预先形成的,而是在离心过程中由于离心力的作用而逐渐形成。操作时,不同组分的样品可以加在制成的密度梯度介质的上面,也可以与密度梯度介质混合在一起,待离心后自然形成梯度。经过离心,不同组分的样品物质在离心力的作用下上浮或下沉,最终分布在与其自身密度相等的液相介质处,形成一个区带。不同密度的物质分布于不同的区带,从而彼此分离。颗粒密度和介质密度达到平衡时,所形成的颗粒区带就停止运动。这种区带是稳定的,其位置不会随着离心力场强度的增加或离心时间的延长而改变。最后,收集不同区带内的样品物质即可得到纯的单一物质组分。

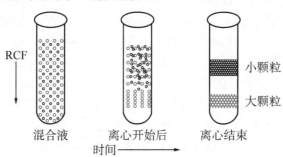

图 3-2　等密度区带离心

从离心结果来看，该离心技术有两个特点：一是大小不同但密度相同的样品分布在同一区带内；二是同一区带内的样品物质密度等于该处液相介质的密度。另外，等密度区带离心也可以使用不连续梯度，通常是样品的密度介于任两层梯度之间，或使其与某层的密度梯度相同。这样，在离心之后可以在两层之间或某层梯度介质中分离样品。不连续梯度可以缩短离心时间。

三、常见离心机的类型

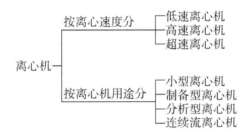

（一）按转速分类

离心机可以按照不同的转速分为：低速离心机（低于 5 000 rpm），高速离心机（最高可达 25 000 rpm），以及超速离心机（高于 25 000 rpm）。高速和超速离心机通常附有冷却系统以降低转子室温度，并配备真空装置以减少摩擦，让转子在真空条件下运转以达到更好的效果。

（二）按离心机的用途分类

1. 小型离心机　一般指体积较小的台式离心机，转速范围从每分钟数千转到每分钟数万转，相对离心力从数千到数十万之间，离心管的容量从数百微升到数十毫升。这种离心机小巧便携，通常用于小规模的、快速的离心操作。随着生物化学研究的不断深入，一些厂商还推出了带有制冷装置的小型离心机。

2. 制备离心机　一般是指离心体积较多、机型体积较大的落地式离心机，最大容量可达数百至数千毫升，适用于生物大分子如蛋白质、核酸和多糖等的小量制备。大多数离心机都配备有制冷系统。

3. 分析型离心机　主要用于生物大分子的定性、定量分析的超速离心机。最大转速约为 80 000 rpm，最大离心力达 800 000×g 以上。

4. 连续流离心机　主要用于处理类似于发酵液等特大体积、浓度较稀的样液。最大离心速度与高速冷冻离心机相近。

四、离心技术在生物学中的应用

离心分离是制备生物样品广泛应用的重要手段，如分离活体生物（细胞、微生物、病毒）、细胞器（细胞核、细胞膜、线粒体）、生物大分子（核酸、蛋白质、酶）、小分子聚合物等。在生物样品的离心分离过程中,主要是根据样品的不同来源和不同的性质采取不同的离心方法。可以将来源于培养液的细胞和细胞培养液分离或组织提取液中的细胞和提取组分分离,也可以将 DNA、RNA、蛋白质、多糖等生物大分子进行分离。根据物质的沉降系数、质量、浮力因子等不同,应用强大的离心力使物质分离、浓缩、提纯的方法称为超速离心技术,它是细胞生物学、生物化学、分子生物学常用的重要技术。

1. 相对分子质量的测定 相对分子质量由沉降系数根据 Svedberg 公式可以计算出物质的分子质量。

2. 未知 DNA 样品密度的测定 借助于已知密度的 DNA 样品,通过作图的方法,可以求出未知 DNA 样品的密度。

3. 从密度推算出 DNA 的 G-C 碱基含量 G-C 为 DNA 总碱基含量中鸟嘌呤和胞嘧啶的含量,以"mol%"表示。利用 CsCl 密度梯度离心以及由此测出的 DNA 样品的密度推算出 G-C 碱基含量。

4. 生物分子构象研究 超速离心技术已成功地用于检测大分子构象的变化。通过测定蛋白质分子的沉降系数及扩散系数,可以分析蛋白质在经修饰后其空间结构有无变化。例如 DNA 可能以单股或双股出现,对于每一股可能是线性的,也可能是环状的。如果遇到某些因素,DNA 分子可能发生一些构象的变化。这些变化也许是可逆的,也许是不可逆的。构象上的变化可以通过检查样品在沉降速度中的差异来证实。分子越是紧密,在溶剂中的摩擦阻力越小,沉降越快;分子越是不规则,摩擦阻力就越大,沉降就越慢。因此,通过样品在处理前后沉降速度的差异就可以检测它在构象上的变化。

5. 异质性分析 超速离心技术已广泛地应用于生物大分子纯度估计的研究,如 DNA 制剂、病毒和蛋白质的纯度。用沉降速度实验分析沉降界面是测定制剂均质性的最常用方法之一,出现单一清晰的界面一般认为是均质的,如有杂质则在主峰的一侧或二侧出现小峰。

随着仪器硬件和分析软件的革新和发展,超速离心技术已经逐渐成为定量表征大分子相互作用的一个优先选择技术,并且广泛应用于生物制药、生命科学及高分子科学等研究领域。因此,相信在未来的几十年里超速离心技术也将会成为生物物理学、生物化学和分子生物学等学科发展的主导力量,为科研和生物制药领域做出更多贡献。

五、离心操作中的注意事项

高速与超速离心机是生化实验教学和生化科研的重要精密设备。由于其转速高且产生的离心力大,缺乏定期的检修和保养或使用不当,都可能导致严重事故。因此在使用离心机时必须严格遵守操作规程。

1. 使用各种离心机时，必须在天平上精确地平衡离心管和其内容物。平衡时，重量要在各离心机说明书规定的范围内。每个离心机的转子都有各自允许的差值，绝不能装单个管子。当转子只部分装载时，管子必须在转子中互相对称地放置，以使负载均匀地分布在转头周围。

2. 装载溶液时，必须根据各种离心机的具体操作说明进行操作。对于待离心液体的性质和体积，应选用适合的离心管。对于没有盖子的离心管，不要将液体装得过多，以防在离心时甩出，导致转子不平衡、生锈或受腐蚀。对于制备性超速离心机的离心管，通常要求将液体装满，以避免离心时塑料离心管上部凹陷并变形。每次使用后，必须仔细检查转头，及时清洗、擦干。转子是离心机中须重点保护的部位，在搬移时必须小心，不能碰撞，避免造成伤痕。若长时间不使用，转头需要涂上一层蜡保护。严禁使用显著变形、损伤或老化的离心管。

3. 如果需要在低于室温的条件下进行离心操作，转头在使用前应先放置在冰箱中或放在离心机的转头室内预冷。

4. 在离心过程中不得随意离开，应观察离心机的仪表是否正常工作。如果出现异常声音，应立即停机并进行检查，及时排除故障。

5. 每个转子都有其最高允许转速和使用累积时间限制。使用转子时必须查阅相关说明书，不得过速使用。每个转子都应有一份使用档案，以记录累积的使用时间。如果超过该转头的最长使用时限，应按规定降速使用。

第四章

电泳技术

　　电泳是带电颗粒在电场作用下,向着与其所带电荷相反的电极移动的现象。尽管电泳的种类繁多,但其基本原理却是一致的。电泳可分为三大类:

　　1. 显微电泳　　是用显微镜直接观察细胞等大颗粒物质电泳行为的过程。目前此法已用于研究膜结构以及癌细胞和正常细胞的差异性等方面。

　　2. 自由界面电泳　　是胶体溶液的溶质颗粒经过电泳后,在胶体溶液和溶剂之间形成界面的电泳过程。最简单的界面电泳是在一"U"形管中装入一定量的带色胶体溶液(如黄色硫化砷胶体溶液或血红蛋白溶液),然后小心地分别在"U"形管两端注入等量的稀电解质溶液(NaCl溶液或一定 pH 的缓冲液),使其与胶体溶液之间有明显的界面,接着在此管两端放入铂电极,通直流电,一段时间后即可看到一边胶体溶液界面上升,另一边下降,这是胶体颗粒产生泳动的结果。由于该电泳不受支持物的影响,所以分离效果较好,一般适用于胶体物质的纯度鉴定及电泳速度的测定。为了得到很好的界面,以及使界面移动能用光学系统反映出来,通常需要一套复杂的电泳仪装置,这就使自由界面电泳的广泛应用受到了限制。

　　3. 区带电泳　　是样品物质在一惰性支持物上进行电泳的过程。因电泳后,样品的不同组分可形成带状的区间,故称区带电泳。采用不同类型的支持物进行电泳时,能分离鉴定小分子物质(如核苷酸、氨基酸和肽类等)和大分子物质(如核酸、蛋白质和病毒颗粒等)。由于区带电泳有支持物存在,所以减少了界面之间的扩散和异常现象的干扰。加之某些支持物如聚丙烯酰胺凝胶同时具有分子筛的效能,因此,区带电泳的灵敏度和分辨率较高。另外,区带电泳还具有设备简单、操作方便的优点,故在生物化学、临床医学等方面的应用十分广泛。目前,该电泳法已成为开展生物化学和分子生物学等研究工作的一种不可缺少的方法。

一、电泳的基本原理

　　设带净电荷(q)的颗粒在电场中的作用力为 F。F 的大小取决于颗粒所带净电荷量(Q)及其所处的电场强度(E),它们之间的关系可用下式表示:

$$F = E \cdot Q$$

由于 F 的作用,使带电颗粒在电场中向一定方向泳动。带电颗粒在泳动过程中还受到一个相反方向的摩擦力(F')阻挡。当这两种力相等时,颗粒以匀速度(v)向前泳动。根据 Stokes 定律,阻力的大小取决于带电颗粒的大小、形状以及所处介质的黏度,即:$F' = 6\pi r\eta v$。

当 $F = F'$ 时,即达到动态平衡时:$EQ = 6\pi r\eta v$,整理后得:$v = EQ/6\pi r\eta v$。式中:E 为电场强度;r 为球形粒子的半径;η 为溶液的黏度系数;v 为带电粒子运动速度。

由上式可知,相同带电颗粒在不同强度的电场里泳动速度是不同的。为了便于比较,常用泳动率或迁移率代表泳动速度来表示粒子的泳动情况。泳动率或迁移率为带电粒子在单位电场强度下的泳动速度,以"m"表示。上式两边同时除以电场强度 E,则得:

$$m = Q/6\pi r\eta v$$

在一定的条件下,任何带电颗粒都具有自己的特定泳动率,它是胶体颗粒的一个物理常数。

由于蛋白质、氨基酸等的电离度 α 受溶液 pH 值影响,所以常用迁移率 m 和当时条件下电离度 α 的乘积即有效迁移率 U 表示泳动情况:$U = m \cdot \alpha$ 代入 m 得:$U = \alpha Q/6\pi r\eta v$。

从公式看,带电颗粒在电场中泳动的速度与电场强度、颗粒所带的净电荷成正比,而与颗粒半径和介质黏度成反比。若颗粒是具有两性电解质性质的蛋白质分子,它在一定 pH 溶液中的电荷性质是独特的。这种物质在电场中泳动一段时间后,会集中到确定的位置上呈一条致密区带。若样品为混合的蛋白质溶液时,由于不同蛋白质的等电点和相对分子质量是不同的,经电泳后,就形成了泳动度不同的区带。利用此性质,便可把混合液中不同的蛋白质(或其他物质)分离开,也可对样品的纯度进行鉴定。

二、影响泳动速度的因素

影响泳动速度的因素有颗粒的性质、电场强度和溶液的性质等。

(一) 颗粒性质

颗粒直径、形状以及所带的净电荷量对泳动速度有较大影响。一般来说,颗粒带净电荷量越大,或其直径越小,或其形状越接近球形,在电场中的泳动速度就越快;反之,则越慢。

(二) 电场强度

电场强度对泳动速度起着十分重要的作用。电场强度越高,带电颗粒的泳动速度越快;反之,则越慢。根据电场强度大小,又将电泳分为常压电泳和高压电泳。前者电场强度为 $2\sim10$ V/cm，后者为 $70\sim200$ V/cm。用高压电泳分离样品需要的时间比常压电泳短，但往往会产生很高的热量。

（三）溶液性质

溶液性质主要是指电极溶液和蛋白质样品溶液的 pH、离子强度和黏度等。

1. pH 溶液 pH 决定带电颗粒的解离程度，也就决定了其带净电荷的量。对蛋白质而言，溶液的 pH 离其等电点越远，则其所带净电荷量就越多，从而泳动速度就越快；反之，速度则越慢。

2. 离子强度 溶液的离子强度一般在 $0.02\sim0.2$ mol/L。若离子强度过高，则会降低颗粒的泳动速度。主要原因是带电颗粒能把溶液中与其电荷相反的离子吸引在自己周围形成离子扩散层，这种静电引力作用的结果，导致颗粒泳动速度降低。若离子强度过低，则缓冲能力差，不易维持 pH 恒定，往往会因溶液 pH 的变化而影响电泳的速率。

3. 溶液黏度 上面提到泳动度与溶液黏度是成反比关系的。因此，黏度过大或过小，必然会影响泳动度。

（四）电渗

当支持物不是绝对惰性物质时，常常会有一些离子基团如羧基、磺酸基、羟基等吸附溶液中的正离子，使靠近支持物的溶液相对带电。在电场作用下，此溶液层会向负极移动。反之，若支持物的离子基团吸附溶液中的负离子，则溶液层会向正极移动。溶液的这种泳动现象称为电渗。当颗粒的泳动方向与电渗方向一致时，则加快颗粒的泳动速度；当颗粒的泳动方向与电渗方向相反时，则降低颗粒的泳动速度。

（五）筛孔

琼脂和聚丙烯酰胺凝胶等支持物都有大小不等的筛孔，在筛孔大的凝胶中溶质颗粒泳动速度快；反之，则泳动速度慢。

除上述影响泳动速度的因素外，温度和仪器装置等因素的影响也应考虑。

三、区带电泳的分类

（一）按支持物的物理性状不同

1. 滤纸及其他纤维薄膜电泳 如纸电泳、醋酸纤维素薄膜电泳。

2. 粉末电泳 如纤维素粉、淀粉、玻璃粉电泳。将粉末与适当的溶剂调和铺成平板。

3. 凝胶电泳 如琼脂糖、硅胶、聚丙烯酰胺凝胶电泳。

4. 缘线电泳 如尼龙丝、人造丝电泳，是一类微量电泳。

（二）按支持物的装置形式不同

1. 平板式电泳　支持物水平放置，是最常用的核酸电泳方式。

2. 圆盘电泳　电泳支持物灌制在两通的玻璃管中，被分离的物质在其中泳动后，区带呈圆盘状。

3. 垂板式电泳　聚丙烯酰胺凝胶电泳可做成垂板式，在电泳时，按垂直方向进行。

4. 连续液动电泳　首先应用于纸电泳，将滤纸垂直竖立，两边各放一电极，缓冲液和样品自顶端往下流，与电泳方向垂直。也可以用其他材料作支持物。该法主要用途是制备一定量的电泳纯物质。

（三）按 pH 的连续性不同

1. 连续 pH 电泳　整个电泳过程中 pH 保持不变，常用的纸电泳、醋酸纤维薄膜电泳等属于此类。

2. 非连续 pH 电泳　缓冲液和支持物间有不同的 pH，如聚丙烯酰胺凝胶电泳，等电聚焦电泳。

四、电泳技术的应用

电泳技术主要用于分离各种有机物（如氨基酸、多肽、蛋白质、脂类、核酸等）和无机盐。也可以用于分析某种物质的纯度，还可以用于相对分子质量的测定。电泳技术与其他分离技术相结合，可用于蛋白质结构的分析。指纹法就是电泳法与层析法的结合产物。用免疫原理测试电泳结果，提高了对蛋白质的鉴别能力。如电泳与酶学技术结合发现了同工酶，对于酶的催化和调节功能有了更深入的了解。

五、常用电泳技术的基本原理

（一）纸电泳

纸电泳是用滤纸做支持物的一种电泳方法。目前纸电泳已应用于蛋白质及其衍生物、核酸及其衍生物、酶、激素、糖和维生素等物质的研究。在临床诊断和病毒分析等方面，纸电泳也起着重要作用。纸电泳除了以滤纸作为支持物外，还可以醋酸纤维素膜作为支持物。用后者进行的电泳称醋酸纤维素膜电泳，它的操作与纸电泳有相似的地方，但分辨率比纸电泳高。电泳后烘干的滤纸可按不同方法进行显色。

纸电泳的定量方法与纸层析的定量方法一样，可以用洗脱法（即剪洗法）和光密度计法进行：

1. 剪洗法　是将电泳分离的样品区带分别剪下，置于不同试管中，然后选用适当的洗脱剂洗脱，得到的洗脱液进行比色测定。此法须在同一滤纸上剪下与样品区带同样大小的空白纸条（与样品部分同样处理）作对照。如果欲得到样品中各组分的详细分布情况，则应将电泳图谱剪成若干条，每条宽3～5 mm，分别洗脱后进行比色测定。以消光读数为纵坐标，以纸条顺序为横坐标作图，即为样品各组分的分布曲线图。

2. 光密度计法　电泳后，将染色的干滤纸条通过光密度计直接测出滤纸条上消光读数的变化。以透光度为纵坐标，滤纸长度为横坐标给出的电泳图形中，每一峰形代表一种组分。各峰的面积可用面积仪量出，将各峰面积之和作为100，即可求出各组分的百分含量。

（二）聚丙烯酰胺凝胶电泳

聚丙烯酰胺凝胶电泳（polyacrylamide gel electrophoresis，PAGE）是以聚丙烯酰胺凝胶作为支持物的一种电泳方法，具有较高的分辨率和灵活性，被广泛应用于蛋白质的分离和分析。

聚丙烯酰胺凝胶电泳和淀粉凝胶电泳相比，除具有和淀粉凝胶相似的分子筛作用外，还有以下优点：

（1）聚丙烯酰胺凝胶是人工合成的多聚体，由单体和交联剂聚合在则成。通过调节单体浓度或单体和交联剂的比例，就能得到不同孔径、不同强度的凝胶物质，而且重复性好。

（2）聚丙烯酰胺凝胶机械强度好、弹性大，有利于电泳后进行各种处理。

（3）聚丙烯酰胺凝胶是—C—C—C—C…连接的多聚体，侧链除不活泼的酰胺基外，并无其他离子基团，故无电渗作用。

（4）设备简单，所需样品量少（1～100 μg），分辨率较高。用此方法进行超微量分析时，可检出含量在10^{-12}～10^{-9} g的样品。

（5）用途广，能对蛋白质、多肽和核酸等大分子物质进行分离和分析（包括定性和定量分析），并能用于对毫克水平材料的制备，以及对蛋白质和核酸相对分子质量的测定等方面。

聚丙烯酰胺凝胶是以单体丙烯酰胺（Acr）和交联剂甲叉双丙烯酰胺（Bis）为材料，在催化剂作用下，聚合为含酰胺基侧链的脂肪族长链，在相邻长链之间通过甲叉桥连接而形成的三维网状结构物质。此聚合过程是由四甲基乙二胺（TEMED）和过硫酸铵激发的。核黄素也可以作为产生自由基的起始物，有时也将它和过硫酸铵混合在一起使用，核黄素激活聚合反应需要光和氧气的存在，因此称为光聚合。

CH$_2$=CH—C—NH$_2$ +
丙烯酰胺

N,N'—甲叉双丙烯酰胺

聚合作用
催化剂

聚丙烯酰胺凝胶

1. 聚丙烯酰胺凝胶的合成

(1) 丙烯酰胺和双丙烯酰胺量的确定:聚丙烯酰胺凝胶的孔径大小是由丙烯酰胺单体和甲叉双丙烯酰胺双体在凝胶中的总浓度(T),以及双丙烯酰胺占总浓度的百分含量(C)即交联度决定的。通常凝胶的筛孔、透明度和弹性是随着凝胶浓度的增加而降低的,而机械强度却随着凝胶浓度的增加而增加。凝胶浓度的计算公式如下:

$$T\% = (a+b)/m \times 100\%$$

式中,a 代表单体的质量(g);b 代表双体的质量(g);m 代表溶液的体积(ml)。交联度(C)可按下式计算:

$$C\% = (b/a+b) \times 100\%$$

式中,a 与 b 的比值对凝胶的筛孔、透明度和机械强度等性质也有明显影响。当 $a:b<10$ 时,凝胶坚硬呈乳白色;当 $a:b>100$ 时,凝胶呈糊状,且易断裂。

综上可知,凝胶浓度不同,其交联度是不同的。交联度随着总浓度(T)的增加而降低。因此,当总浓度一定、交联度增加时,将导致筛孔直径降低。根据此原理,Richard 等在 1965 年提出了适合确定凝胶浓度为 5%~20% 范围内交联度的经验公式:

$$C = 6.5 - 0.3T$$

蛋白质或核酸在不同浓度凝胶中的迁移率,是随胶总浓度的增加而降低的,所以在分离不同相对分子质量的混合物时,只有选择适宜浓度的凝胶才能奏效。常用于分离血清蛋白的标准凝胶是指浓度为 7.5% 的凝胶。用此胶分离大多数生物体内的蛋白质,电泳结果一般都较满意。当分析一个未知样品时,常常先用 7.5% 的标准凝胶或用 4%~10% 的梯度凝胶试验,以便选取理想浓度的凝胶。

(2) 聚丙烯酰胺的聚合:丙烯酰胺聚合时,常用的催化系统有化学聚合和光聚合。① 化学聚合:化学聚合的催化剂一般是过硫酸铵(AP),加速剂是脂肪叔胺如四甲基乙二胺（TEMED）、三乙醇胺和二甲基氨丙腈等，其中以 TEMED 为最好。当 Acr、Bis 和 TEMED 的水溶液中加入过硫酸铵时,过硫酸铵在 TEMED 的催化下产生自由基。丙烯酰胺与自由基作用后,随即"活化"。活化的丙烯酰胺彼此连接形成多聚体长链。含有这种多聚体链的溶液尽管比较黏稠,但还不能形成凝胶。只有当 Bis 存在时,才能形成凝胶。在 AP-TEMED 催化系统中,Acr 和 Bis 聚合的初速率与过硫酸铵浓度的平方根成正比,并且在碱性条件下反应迅速。此外,温度、氧分子和杂质等都会影响聚合速度。一般在室温下比在 0℃时聚合快。② 光聚合:光聚合的催化剂是核黄素,光聚合过程是一个光激发的催化反应过程。在氧及紫外线作用下,核黄素生成含自由基的产物,自由基的作用如同上述的过硫酸铵一样。通常将反应混合液置于一般荧光灯旁,即可使反应发生。用核黄素催化时,可不加 TEMED,但是加入后会使聚合速度加快。光聚合形成的凝胶呈乳白色,透明度较差。用核黄素催化剂的优点是用量极少（1 mg/100 ml）,对分析样品无任何不良影响。同时,聚合时间可以自由控制。改变光照时间和强度,可使聚合作用延迟或加快。化学聚合的凝胶孔径比光聚合的小,而且重复性和透明度也比光聚合的好。但是化学聚合的催化剂过硫酸铵是强氧化剂,若残存于凝胶中往往会使某些蛋白质分子丧失活性,或者产生不正常的电泳图谱。

2. 分离效应　用凝胶电泳分离样品时,除了与纸电泳一样具有电荷效应外,还有浓缩效应（发生于浓缩胶中）和分子筛效应（发生于分离胶中）,故其分辨率比纸电泳高。

（1）浓缩效应:当样品和浓缩胶选用 pH 6.7 的 Tris-HCl 缓冲液、电极液选用 pH 8.3 的 Tris/甘氨酸缓冲液时,在电泳的起始阶段,盐酸几乎全部解离释放出氯离子（Cl^-）,甘氨酸（pI 为 6.0）则只有 1%～0.1%解离释放出甘氨酸根离子,而酸性蛋白质一般在浓缩胶中解离为带负电荷的离子。这三种离子带有相同类型的电荷,并同时向正极移动,其泳动率排列次序如下:

$$m\ Cl^- > m\ Pr > m\ Gly$$

式中,m 代表泳动率。

根据泳动率的大小区分,把泳动速度最快的 Cl^- 称为快离子（又称前导离子）,把泳动速度最慢的甘氨酸称为慢离子（又称尾随离子）。在电泳开始前,两层凝胶（浓缩胶和分离胶）中都含有快离子,只有电极缓冲液中含有慢离子。电泳进行时,由于快离子的泳动率最大,因此很快超过蛋白质,于是在快离子后形成一离子浓度低的区域,即低电导区。由于电场强度与电导成反比关系,因此在低电导区就产生了较高的电场强度。这种环境使蛋白质和慢离子在快离子后面加速移动。当电场强度和泳动率的乘积彼此相等时,三种离子移动速度相同(即 $v=mE$)。在快离子和慢离子移动速度相等的稳定状态建立之后,则在快离子和慢离子之间形成一稳定而又不断向正极移动的界面。也就是说,在高电场强度区和低电场强度区之间形成一个迅速移动的界面。由于样品蛋白质的泳动率恰好介于快、慢离子之间,因而它就聚集在这个移动界面的附近,并浓缩为一个狭窄的中间层。一般样品可浓缩 300 多倍。样品被浓缩的程度与其本身浓度无关,而主要与氯离子的浓度有关。当氯离子浓度高时,样品被浓缩的程度亦高。

(2)电荷效应:蛋白质混合物在界面处被高度浓缩,并形成一狭窄的高浓度蛋白质区。但由于每种蛋白质分子所载的有效电荷不同,故泳动率亦不同。所以各种蛋白质样品经分离胶电泳后,若样品组分的相对分子质量相等,它们就以圆盘状或带状按电荷顺序一个一个地排列起来。

(3)分子筛效应:当夹在快离子和慢离子中间的蛋白质由浓缩胶进入分离胶时,pH 和凝胶孔径突然改变。分离胶选用 pH 8.8 的 Tris-HCl 缓冲液配制(电泳时实际测量是 9.5),该 pH 值与甘氨酸的 pK_a 值(9.7～9.8)相近,使慢离子的解离度增大,因而其泳动率也相应增大。此时慢离子的泳动率超过了所有的蛋白质分子,慢离子逐渐赶上并超过了所有的蛋白质分子,高电场强度随之消失。于是,蛋白质样品就在均一的电场强度和 pH 条件下通过一定孔径的分离胶。当蛋白质的相对分子质量或构型不同时,通过分离胶所受到的摩擦力和阻滞程度就不同,最终表现出的泳动率也不同,这就是所说的分子筛效应。即使蛋白质分子的净电荷相似(也即自由泳动率相等),也会因分子筛效应在分离胶中被分开。

(三)SDS -PAGE 电泳

SDS 是十二烷基硫酸钠的简称,是一种很强的阴离子表面活性剂。SDS 以其疏水基和蛋白质分子的疏水区相结合,形成牢固的带负电荷的 SDS-蛋白质复合物。SDS 和蛋白质的结合是高密度的,其重量比通常为 1.4:1。由于 SDS 高密度的结合,SDS-蛋白质所带的净电荷,远远超过了蛋白质原有的净电荷,从而消除或大大降低了不同蛋白质之间原有的净电荷差别,即消除了由于各种蛋白质所带净电荷的不同而对电泳迁移率产生的影响。

根据 SDS-蛋白质复合物具有均一的电荷密度和荷质比,再加上其他方面(如黏度)的研究,目前认为,SDS-蛋白质具有扁平、紧密的椭圆棒状结构,棒的短轴是恒定的,数量级在 18Å 左右,与蛋白质的种类无关,棒的长轴是变化的,而长轴的变化与蛋白质的相对分子质量成正比。这说明 SDS 和蛋白质所形成的 SDS-蛋白质复合物消除了由于天然蛋白质形状的不同而对电泳迁移率的影响。

影响带电分子电泳迁移率的内在因素有三点：分子带净电荷的多少、相对分子质量的大小和分子的形状。从上面的分析可知，由于 SDS 和蛋白质的结合，消除了其中的两个因素，使其电泳迁移率在外界条件固定的情况下，仅取决于蛋白质相对分子质量的大小，因而可测定并比较已知和未知相对分子质量的蛋白质分子的迁移率，求出未知蛋白质的相对分子质量。

样品在浓缩胶中的原理与一般的 PAGE 电泳相同。当样品进入分离胶后，即根据 SDS-蛋白质复合物的相对分子质量的大小进行电泳分离。

SDS 凝胶电泳具有分辨率高、重复性好、设备简单、容易操作等优点。一方面，蛋白质和 SDS 结合后，其空间结构受到破坏，因而失去活性。另一方面，由亚基组成的蛋白质分子，在 SDS 的作用下，二硫键开裂，解离成它的亚基成分，因而，实际测定的是亚基的相对分子质量。但对于一些蛋白质分子，如糖蛋白、脂蛋白，由于其特殊的结构，测定的相对分子质量误差较大。

（四）琼脂糖电泳

琼脂糖电泳是用琼脂糖或优质琼脂粉作支持物的一种电泳方法。其基本原理是电荷效应及分子筛效应。琼脂糖电泳可分离或分析天然 DNA，包括不同形式的质粒 DNA（即闭环 DNA、开环 DNA 和线性 DNA），以及不同相对分子质量的核酸片段。用琼脂糖凝胶分离线性双链 DNA 时，其迁移率大小主要与样品的相对分子质量有关，而与核酸的一级结构以及碱基的组成无关。

（五）蛋白质等电聚焦电泳

蛋白质等电聚焦（isoelectricfocusing，IEF）技术是 20 世纪 60 年代后才得到迅速发展和推广应用的，目前它已成为一种被广泛采用的蛋白质分析和制备技术。在 IEF 中，蛋白质分子是在含有两性电解质载体形成的一个连续而稳定的线性 pH 梯度中进行电泳的。通常使用的载体两性电解质是脂肪族多氨基多羧酸（或磺酸型或羧酸磺酸混合型）化合物，其在电泳中形成的 pH 范围有 3～10、4～6、5～7、6～8、7～9 和 8～10 等，可应用于大多数蛋白质等电点（pI）的范围。由于蛋白质是由不同的 L-氨基酸以不同数量和比例按一定顺序排列组成的，而氨基酸分子中的氨基和羧基都是可解离的基团，因此氨基酸可以形成两性离子。在不同 pH 条件时，其带电荷的状态不同。蛋白质所带的净电荷是各氨基酸残基上所有正负电荷的总和，所以蛋白质等电点是一个常数。IEF 电泳时，形成正极为酸性、负极为碱性的 pH 梯度。当将某种蛋白质（或多种蛋白质）样品置于负极端时，因 pH＞pI，蛋白质分子带负电，电泳时向正极移动，在移动过程中，由于 pH 逐渐下降，蛋白质分子所带的负电荷量逐渐减少，蛋白质分子的移动速度也随之变慢，当移动到 pH＝pI 时，蛋白质所带的净电荷为零,蛋白质即停止移动。当蛋白质样品置于正极端时,也会得到同样的结果。不同蛋白质在 IEF 电泳结束后,会分别聚集于相应的等电点位置,形成很窄的一个区带。IEF 不仅能获得不同种类蛋白质的分离和纯化效果,同时也能得到蛋白质的浓缩效果。在 IEF 中蛋白质区带的位置,是由电泳 pH 梯度的分布和蛋白质的 pI 所决定的,而与蛋白质分子的大小和形状无关。一般蛋白质等电点分辨率可达 0.01pH 单位。

（六）双相凝胶电泳

O'Farrell 于 1975 年首先建立了等电聚焦/SDS-聚丙烯酰胺双相凝胶电泳(IEF/SDS-PAGE)分离和分析生物大分子蛋白组分的技术。双相凝胶电泳的分离系统充分应用了蛋白质的两个特性和不同的分离原理。第一相是根据不同蛋白质所带电荷量的特性,用等电点(pI)聚焦技术分离蛋白质;第二相是根据不同蛋白质相对分子质量不同的特性,通过蛋白质与 SDS 形成复合物后,在聚丙烯酰胺凝胶电泳中分子大小不同,迁移率不同从而达到分离蛋白质的目的。

第一相等电聚焦电泳系统内含有高浓度的脲和非离子型去垢剂 NP-40,而且溶解蛋白质样品的溶液除含有脲和 NP-40 外,还含有二硫苏糖醇。二硫苏糖醇的作用是破坏蛋白质分子内部的二硫键,达到充分变性,而且这些试剂不带有电荷,不会影响蛋白质的原有电荷量和等电点,有利于第二相中蛋白质变性后的肽链与 SDS 结合。第一相一般都采用盘状等电聚焦电泳。电泳结束后带有蛋白质的凝胶从玻璃管中剥落后,必须经过第二相 SDS 电泳分离系统的溶液平衡。所用平衡液为含有 β-巯基乙醇和 SDS 的第二相浓缩胶缓冲液,β-巯基乙醇能使蛋白质分子中的二硫键保持还原状态,有利于 SDS 与蛋白质的充分结合。一般振荡平衡需 30 分钟,使等电聚焦凝胶中的两性电解质和高浓度的尿素扩散出胶,并使其为第二相浓缩胶缓冲液所平衡。

IEF/SDS-PAGE 是当前生物化学研究领域中常用的技术,对蛋白质的分离和分析极为精确而有效。随着该技术的不断改进和发展,应用范围也更加广泛。聚丙烯酰胺双相凝胶电泳结合同位素标记蛋白质技术可分辨出细胞中 1 000 多个蛋白质,并且可探测到只占细胞总蛋白 0.001% 或更少量的蛋白质。这一方法已广泛应用于真核和原核生物蛋白质的分离和鉴定。

（七）蛋白质固定和染色方法

1. 考马斯亮蓝 R-250 染色　SDS-PAGE 分离的蛋白质经甲醇-冰醋酸固定后,可用考马斯亮蓝 R-250 染色。考马斯亮蓝能结合蛋白质但不结合 PAGE,因此,经染色和脱色后,在干净的胶面上,蛋白质显示为清晰的蓝色条带。

2. 银染　1979 年 Switzer、Merril 等人首先将银染法应用于聚丙烯酰胺凝胶电泳的蛋白质分析中。它的染色效果比考马氏亮蓝染色的灵敏度可增加 50～100 倍。蛋白质银染的优点是只需要极少量的蛋白质就可进行分析，也可以排除分析中的假阳性现象。蛋白质银染的机理，一般认为是以银离子或银氨络离子的状态，渗入凝胶中与蛋白质（或 SDS-蛋白质复合物）结合或附于蛋白质分子表面，然后用甲醛作为还原剂使金属银析出，呈现出棕黄色蛋白质的条带。

第五章

层析技术

层析技术是利用混合物中各组分的物理化学性质的差异(如吸附力、分子形状和大小、分子极性、分子亲和力、分配系数等),使各组分不同程度地分布在两相中,其中一相是固定的,称固定相(stationary phase),另一相则流过此固定相,称流动相(mobile phase),从而使各组分以不同速度移动而达到分离的目的。层析技术是近代生物化学最常用的分离方法之一。

一、层析的基本理论

1941 年 Martin 和 Synge 根据氨基酸在水与氯仿两相中的分配系数不同建立了分配层析分离技术,同时提出了液-液分配层析的塔板理论,为各种层析法建立了牢固的理论基础。由于混合物中各组分的物理性质不同,当这些物质处于互相接触的两相之中时,不同物质在两相中的分布不同从而得到分离。目前,塔板理论已被广泛用于阐明各种层析法的分离机理。

(一)基本原理

1. 分配平衡　在层析分离过程中,溶质既进入固定相,又进入流动相,这个过程称为分配过程,不论层析机理属于哪一类,都存在分配平衡。分配进行的程度,可用分配系数 K 表示。

$$K = \frac{溶质在固定相中的浓度}{溶质在流动相中的浓度} = \frac{C_S}{C_M}$$

不同的层析,K 的含义不同。在吸附层析中,K 为吸附平衡常数;在分配层析中,K 为分配系数;在离子交换层析中,K 为交换常数;在亲和层析中,K 为亲和常数。K 值大表示物质被固定相吸附较牢,在固定相中停留的时间长,随流动相迁移的速度慢,较晚出现在洗脱液中。相反,K 值小,溶质出现在洗脱液中较早。因此,混合物中各组分的 K 值相差越大,则各物质分离越完全。

2. 塔板理论　层析分离的效果,与层析柱分离效能(柱效)有关。Martin 和 Synge 认为,层析分离的基本原理是分配原理,与分馏塔分离挥发性混合物的原理相仿,因此采用"塔板理论"(图 5 - 1)解释层析分离的原理。每个塔板的间隔内,混合物在流动相和固定相中达到平衡,相当于一个分液漏斗。经多次平衡后相当于一系列分液漏斗的液-液萃取过程。Martin 等把一根层析柱看成许多塔板。当流动相 M_1 与固定相 S_1 接触时,两种溶质按各自的分配系数进行分配。假设 A 物质的 $K=9$,B 物质的 $K=1$,则溶质 A 有 1/10 进入流动相,溶质 B 有 1/2 进入流动相,流动相继续往下移动。若溶质在两相中反复分配数次,两种溶质便可因分配系数不同而得到分离。

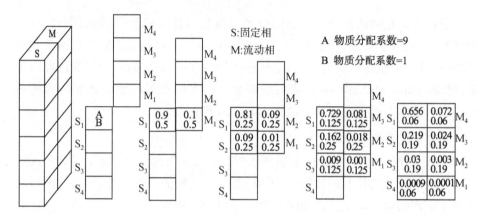

图 5-1 塔板理论示意图

(二)层析的分类

1. 根据分离的原理不同进行分类

(1)吸附层析:用吸附剂为支持物的层析称为吸附层析。一种吸附剂对不同物质有不同的吸附能力,于是在洗脱过程中不同物质在柱上迁移的速度也不同,以致最后被完全分离。

(2)分配层析:是根据在一个有两相同时存在的溶剂系统中,不同物质的分配系数不同而设计的一种层析方法。前面提及的 Martin 等人的实验即是一个典型的分配层析实验,该实验中支持物是硅胶,固定相是水,流动相是氯仿。由于不同的氨基酸在水-氯仿溶剂系统中的分配系数不同,在洗脱过程中,不同的氨基酸在分配层析柱中迁移的速度也不同,最后达到分离的效果。

(3)离子交换层析:它的支持物或固定相是一种离子交换剂。离子交换剂上含有许多可解离的基团,这些可解离基团解离后,若留在母体上的是阳离子基团,称为阴离子交换剂,反之则称为阳离子交换剂。阳离子交换剂可以和溶液中的阳离子进行交换,阴离子交换剂可以和溶液中的阴离子进行交换。一种离子交换剂和溶液中的不同离子的交换能力是不同的,因此,不同离子在柱上进行洗脱时,各自在柱上的移动速度也不同,最后可以完全分离。

（4）凝胶层析（凝胶过滤）:是用具有一定孔径大小的凝胶颗粒为支持物的一种层析方法,是一种根据相对分子质量不同进行分离的方法。相对分子质量大小不同的物质随着洗脱剂流过柱床时,小分子物质体积小,更易渗入凝胶颗粒内部,受到的阻滞作用更大,因此流程更长,比大分子物质迟流出层析柱。

（5）亲和层析:是专门用于分离特定生物大分子的层析方法。生物大分子能和它的配体（例如:酶和辅酶、抗体与抗原、激素与受体等）特异结合,在一定的条件下又可解离。欲分离某种特定生物大分子物质时,可将其配体通过化学反应接到某种载体支持物上,用这种接上配体的载体支持物装柱。当待分离的混合液通过层析柱时,只有欲分离的生物大分子能与这种配体结合而吸附在柱上,其他的物质则随溶液流出。最后改变洗脱条件进行洗脱。

2. 根据流动相的不同分类

（1）液相层析:流动相为液体的层析统称为液相层析。

（2）气相层析:流动相为气体的层析统称为气相层析（或气相色谱）。气相层析因所用的固定相不同又可分为二类:用固体吸附剂为固定相的称为气-固吸附层析;用某种液体为固定相的称为气-液分配层析。气相层析根据所用的柱管不同又可分为二类:用普通不锈钢管或塑料管装柱的,称为填充柱气相层析;将固定相涂在毛细管壁上,在这种毛细管柱上进行的气相层析称为毛细管气相层析。

3. 根据支持物的装填方式分类

（1）柱层析:支持物装在管中成柱形,在柱中进行的层析统称为柱层析。

（2）薄层层析:支持物铺在玻璃板上成一薄层,在薄层上进行的层析称为薄层层析。

因所用的支持物不同,在柱或薄层上进行的可以是吸附层析,也可以是分配层析或离子交换层析。

另外,也可以直接用支持物的名称来命名。例如,用纸做支持物的层析称为纸层析。广义上讲,电泳也是一种层析,它用电场力作为其推动力,因此有人把电泳称为电层析。

二、吸附层析

吸附层析（又称为吸附色谱法）是指混合物随流动相通过由吸附剂组成的固定相时,由于吸附剂对不同物质有不同的吸附力而使混合物分离的方法。吸附层析是最早期的一种色谱分离技术。1903年俄国植物学家用菊根粉柱研究植物色素的提取物，以石油醚冲洗，得到分离的黄色、绿色区带，称为色谱分离法。1931年又有人用氧化铝柱分离了胡萝卜素的两种同分异构体，显示了吸附层析具有较高的分辨率。同时，吸附层析操作较简单，不需特殊的实验装置，分离物质的量小至毫克，大至上百克，主要应用于某些相对分子质量不大的物质的分离提纯。本法虽然比较古老，但目前仍有其实用意义。特别是一些新的改良吸附剂的出现，再结合快速的分离和监测器，如高效液相吸附层析的发展，赋予了吸附层析技术更新的生命力。

（一）基本原理

吸附是物质表面的一个重要性质。任何两相都可以形成表面，其中一相的物质或溶解在其中的溶质在此表面上的密集现象称为吸附。在固体与气体之间、固体与液体之间、液体与气体之间的表面上，都可以发生吸附现象。凡能够将其他物质聚集到自己表面上的物质，都称为吸附剂；聚集于吸附剂表面的物质称为吸附物。吸附过程是可逆的，因此被吸附物在一定条件下可以解吸出来。在单位时间内被吸附于吸附剂的某一表面上的分子和同一单位时间内离开此表面的分子之间可以建立动态平衡，称为吸附平衡。吸附层析过程就是不断地产生平衡与不平衡，吸附与解吸的矛盾统一的过程。

吸附剂的吸附能力强弱，除决定于吸附剂及吸附物本身的性质外，还和周围溶液的组成有着密切关系。当改变吸附剂周围溶剂的成分时，吸附剂的吸附力即可发生变化，往往可使吸附物从吸附剂上解吸，这种解吸过程称为洗脱或展层。吸附层析就是利用吸附剂的吸附能力受溶媒影响而变化的这一原理，通过调整溶剂组成来控制吸附物的解吸，从而实现分离和纯化的目的。当样品中的物质被吸附剂吸附后，用适当的洗脱剂冲洗，改变吸附剂的吸附能力，使被吸附的物质解吸并随洗脱液向前移动。但这些解吸下来的物质向前移动时，会遇到前面新的吸附剂而被再吸附，并在后来的洗脱剂冲洗下重新解吸。经过这样反复的吸附—解吸—再吸附—再解吸的过程后，物质就形成各自的区带，从而达到分离的目的。

（二）常用吸附剂

适用于吸附层析的吸附剂种类很多，其中应用最广泛的是氧化铝、硅胶、活性炭等，可根据分离物质的种类与实验要求适当选用。

（三）实验过程

1. 吸附剂的选择及处理　一般来说，所选吸附剂应有最大的比表面积和足够的吸附能力，它对欲分离的不同物质应有不同的吸附能力，即有足够的分辨率；与洗脱剂、溶剂及样品组分不发生化学反应；还要求所选的吸附剂颗粒均匀,在操作过程中不会破裂。吸附的强弱可概括如下:吸附现象是与两相间界面张力的降低成正比,某物质自溶液中被吸附程度与其在溶剂中的溶解度成反比,极性吸附剂易吸附极性物质,非极性吸附剂易吸附非极性物质,同族化合物的吸附程度有一定的变化方向,例如,同系物极性递减,因而被非极性表面吸附的能力将递增。许多吸附剂一般需筛选成较均匀的颗粒(100～200目),对含有杂质的吸附剂,可用有机溶剂如甲醇、乙醇、乙酸乙酯等浸泡处理或提取除去,有些吸附剂可用沸水洗去酸碱使其呈中性,有些则需经加热处理活化。

2. 溶剂与洗脱剂　溶剂与洗脱剂常为同一组分,但实际用途不同。习惯上把用于溶解样品的溶液称为溶剂,把用于洗脱吸附柱的溶液称为洗脱剂。原则上要求所选的溶剂和洗脱剂纯度合格,与样品和吸附剂不起化学反应,对样品的溶解度大、黏度小,易流动、易与洗脱的组分分开。常用的溶剂与洗脱剂有饱和碳氢化合物、醇、酚、酮、醚、卤代烷、有机酸等。选择溶剂与洗脱剂时,可根据样品组分的溶解度、吸附剂的性质、溶剂极性等方面来考虑。一般情况下,极性大的洗脱能力大。因此可先用极性小的作为溶剂,使组分易被吸附,然后换用极性大的溶剂作为洗脱剂,使组分易从吸附柱中洗出。

3. 吸附柱层析　吸附层析通常采用柱型装置,层析柱一般为玻璃管或有机玻璃管,内盛固定相(吸附剂),在玻璃的下端只留一个细的出口。柱的底部要铺垫细孔尼龙网、玻璃棉、垂熔滤板或其他适当的细孔滤器,使装入柱内的固定相不致流失。管顶可与样品溶液或洗脱液贮液瓶连接,下端可用活塞或用胶管连接排出管,并在胶管上装置螺旋夹以控制流速。有条件的,可附加压或减压装置,使流速保持恒定。柱高与直径比根据实验的要求而定。

装柱的方法通常是将一种溶在适当溶剂中的吸附剂调成糊状,慢慢地倒入关闭了出水口的柱中,同时不断搅拌上层糊状物,赶去气泡,并使装填物均匀地自然下降,装至所需要的高度后,打开出水口,让溶剂流出。注意柱的任何一部分都不能流干,即在柱的表面始终保持着一层溶剂。上样时,小心地用移液管(或滴管)把样品液沿柱内壁从顶部小心地加入,不要冲击吸附剂的表面。加样时使液体缓慢向下流过层析柱,溶质即被吸附剂吸附。待样品液全部流入柱内的吸附剂时,加入适当的洗脱液,使被吸附的物质逐步解吸下来,不同的组分即可以不同的速度向下移动,分步收集洗脱液,即可得到各个组分分离的溶液,供进一步处理或测定。在整个洗脱过程中,要使洗脱液通过柱时保持恒定的流速,可以使用恒流泵来实现。洗脱过程中柱内不断发生溶解(解吸)—吸附—再溶解—再吸附。被吸附的物质被溶剂解吸,随着溶剂向下移动,又遇到新的吸附剂,又把该物质从溶剂中吸附出来,后来流下的新溶剂又再使该物质溶解而向下移动。如此反复解吸、吸附,经一段时间后,该物质向下移动至一定距离,此距离的长短与吸附剂对该物质的吸附力以及溶剂对该物质的溶解能力有关。分子结构不同的物质溶解度和吸附能力不同,移动距离也不同,吸附能力较弱的物质较易溶解,移动距离较长。经过适当时间后,各物质就形成了各种区带,每一区带可能是一种纯的物质,如果被分离物质是有色的,就可以清楚地看到色层。随着洗脱剂向下移动,最后各组分按吸附力的不同先后流出层析柱,以流出体积对浓度作图,可得由一系列峰组成的曲线,每一峰可能相当于一个组分。如果样品中含组分较多,某些组分吸附力相近,易形成两峰重叠,界限不清,这时可采用梯度洗脱法。

4. 薄层吸附层析　薄层吸附层析是把吸附剂均匀地在玻璃板上铺成薄层,再把样品点在薄层板上,点样的位置靠近板的一端。然后把板的一端浸入适当的溶剂中,使溶剂在薄层板上扩散,在这一过程中通过吸附—解吸—再吸附—再解吸反复进行,而将样品中各个组分分离开(展层)。薄层层析的操作简便、灵敏快速、分离效果好,所以应用很广泛,特别适用于相对分子质量小的物质。为了进一步提高特殊分离的分辨率,还可以使用双向层析的技术。薄层层析的展层要在密闭的层析缸中进行,展层所需时间因展层的方式(上行、下行等)及板的长度不同而异,可以数分钟到数小时,一般以展层剂的前沿走到距薄板边缘 2～3 cm 时停止展层,然后取出记下前沿位置,进行干燥和显色。

三、分配层析

(一)基本原理

分配层析是利用混合物中各组分在两相中分配系数不同,使混合物随流动相通过固定相时而得以分离的方法。分配系数是指一种溶质在两种互不相溶的溶剂中溶解达到平衡时,该溶质在两相溶剂中所具浓度的比值。在分配层析中,固定相是极性溶剂(例如水就是最常用的极性溶剂),它需要能和极性溶剂紧密结合的多孔材料作为支持物。流动相则是非极性的有机溶剂。分配系数较大的物质,在固定相中分配较多而在流动相中分配较少;反之,分配系数较小的物质,在固定相中分配较少而在流动相中分配较多。分配系数与温度、溶质和溶剂的性质有关。分配层析所用的固定相支持物要选择能够和极性溶剂有较强的亲和力,但对溶质的吸附却很弱的惰性材料,其中应用最广的是滤纸,其次是纤维素粉、淀粉、硅藻土、硅胶等。

（二）纸层析

1. 纸层析的基本原理　纸层析以滤纸作为惰性支持物。滤纸纤维与水有较强的亲和力，约能吸收 20%～22% 的水，其中部分水与纤维素羟基以氢键形式结合。而滤纸纤维与有机溶剂的亲和力很小，所以以滤纸的结合水为固定相，以水饱和的有机溶剂为流动相（展层剂）。当流动相沿滤纸经过样品点时，样品点上的溶质在水和有机相之间不断进行分配，各种组分按其各自的分配系数进行分配，从而使物质得到分离和纯化。

2. R_f 值　溶质在滤纸上的移动速度可用迁移率 R_f 值表示：

$$R_f = \frac{样品原点到斑点中心的距离(r)}{样品原点到溶剂前沿的距离(R)}$$

式中 r，R 如图 5-2 所示。R_f 值主要取决于分配系数，一般分配系数大的组分，因移动速度较慢，所以 R_f 值也较小；而分配系数小的组分，R_f 值较大。可以根据测出的 R_f 值来判断层析分离的各种物质，与标准品在同一标准条件下测得的 R_f 值进行对照，即可确定该层析物质（图 5-2）。影响 R_f 值的因素有很多，除了被分离组分的化学结构、样品和溶剂的 pH、层析温度等外，流动相（展层剂）的极性也是一个重要因素。展层剂极性大，则极性大的物质有较大 R_f 值，极性小的物质 R_f 值亦小，反之亦然。常用流动相的极性大小排序如下：

水＞甲醇＞乙醇＞丙酮＞正丁醇＞乙酸乙酯＞氯仿＞乙醚＞甲苯＞苯＞四氯化碳＞环己烷＞石油醚。

层析时，流动相不应吸取滤纸中的水分，否则会改变分配平衡，影响 R_f 值。所以多数采用水饱和的有机溶剂，如水饱和的正丁醇。被分离物质的不同，选择的流动相也不同。

纸层析法既可定性又可定量。定量方法一般采用剪洗法和直接比色法两种。剪洗法是将组分在滤纸上显色后，剪下斑点，用适当溶剂洗脱后，用分光光度法定量测定。直接比色法是用层析扫描仪直接在滤纸上测定斑点大小和颜色深度，绘出曲线并可自动积分，计算结果。为了提高分辨率，纸层析可用两种不同的展层剂进行双向展层。双向纸层析一般把滤纸裁成长方形或方形，一角点样，先用一种溶剂系统展开，吹干后，转 90°，再用第二种溶剂系统进行第二次展开。这样，单向纸层析难以分离清楚的某些物质（R_f 值很接近），通过双向纸层析往往可以获得比较理想的分离效果。图 5-3 即为采用双向纸层析对氨基酸进行分离的结果示意图。

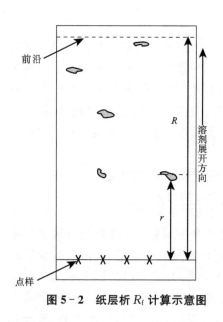

图 5-2 纸层析 R_f 计算示意图

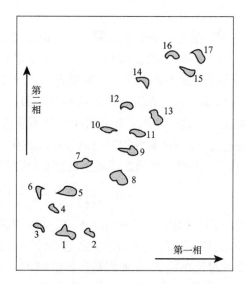

1. 天冬氨酸;2. 谷氨酸;3. 赖氨酸;4. 精氨酸;
5. 组氨酸;6. 甘氨酸;7. 羟脯氨酸;8. γ-氨基
丁酸;9. 丙氨酸;10. 脯氨酸;11. 酪氨酸;
12. 蛋氨酸;13. 缬氨酸;14. 色氨酸;15. 异亮
氨酸;16. 苯丙氨酸;17. 亮氨酸

图 5-3 氨基酸双相纸层析标准图谱

3. 反相层析 在通常的纸层析中,支持相是含水的,流动相是有机溶剂。但是,有些化合物用有机溶剂的支持相和含水的流动相能得到更好的分离。为此,层析纸先用有机相(一般是液体石蜡)浸润。将滤纸浸泡在石油醚的液体石蜡溶液中,然后干燥除去石油醚,剩下的便是用液体石蜡浸润过的滤纸。被分离的化合物加到滤纸上,再用含水溶剂按通常的方法展层。极性高的组分先流出,极性低的组分后流出。

四、离子交换层析

离子交换层析是指利用离子交换剂与各种离子的亲和力的不同,经过交换平衡而达到分离混合物中各种离子的层析技术。其中,固定相是离子交换剂,流动相是具有一定 pH 和一定离子强度的电解质溶液。

(一)基本原理

$$EB^-H^+ + X^+ = EB^-X^+ + H^+$$
$$2EB^-X^+ + Y^{2+} = (EB^-)_2Y^{2+} + 2X^+$$

式中,E 为惰性载体,EB^- 为带有阴离子的阳离子交换剂,X^+、Y^{2+} 和 H^+ 为阳离子。中性分子和阴离子完全不与此交换剂结合。X^+ 扩散到交换剂的表面,其

与 EB^- 之间的静电引力大于 H^+ 与 EB^-，X^+ 与 H^+ 进行离子交换，H^+ 扩散到溶液中被洗掉。而 Y^{2+} 与 EB^- 之间的亲和力更大，如此 X^+ 可被依次置换下来。可见，离子交换的能力主要取决于离子的相对浓度和交换剂对离子的相对亲和力。一般来说，带电荷越多，越易交换。

对于具有两性解离性质的蛋白质，其结合强度取决于 pH。在一定限度内升高 pH，可使蛋白质分子带较多的负电荷（因而能与阴离子交换剂较牢固地结合），反之，则分子带较多的正电荷（因而能与阳离子交换剂较牢固地结合）。在等电点时，分子所带的正负电荷相等，不与离子交换剂结合。蛋白质的这种两性性质，有利于利用离子交换层析来提纯分离蛋白质。

大多数离子交换层析实验分为以下两个主要过程：① 上样及吸附：假定在样品中存在几种蛋白质，在该实验条件下，不同蛋白质的带电量及带电性质不同，被交换剂吸附的程度则不同。有些蛋白质完全不被吸附，而和洗脱液流速完全相同，用一个柱床体积的洗脱液即可完全流出，形成一个穿过峰，与被吸附的其他蛋白质分开。而其他蛋白质则不同程度被吸附在离子交换剂上。② 解吸过程：由于生物分子（如蛋白质）带电性质往往表现出很大的差别，在相同的实验条件下，各种蛋白质吸附的程度也不同，有的被牢固地吸附着，有的有限吸附。因此可以通过改变洗脱条件（如 pH 及离子强度），将几种在性质上差别很小（甚至只差一个氨基酸）的蛋白质——从交换剂上解吸下来，得到完全的分离。

（二）离子交换剂

离子交换剂是由不溶于水、具有网状结构的高分子聚合物（惰性载体）及与其共价结合的带电离子所组成的，这些带电离子主要靠静电引力与溶液中的相反电荷离子（反离子）相结合，这些反离子又可与溶液中带有相同电荷的其他离子进行可逆交换而不改变交换剂本身性质。离子交换剂上共价结合阳离子的称为阴离子交换剂（图5-4），可与溶液中的阴离子进行交换；反之结合阴离子的称为阳离子交换剂（图5-5），可与溶液中的阳离子进行交换。

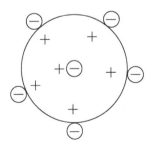

图5-4 阴离子交换剂

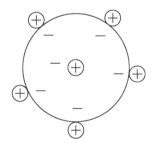

图5-5 阳离子交换剂

根据惰性载体的化学本质,离子交换剂可以分为下列三类:

1. **离子交换树脂** 常见的是以苯乙烯和二乙烯苯的多聚物(如 Dowex 树脂)为骨架,再引入酸性基团或碱性基团。根据引入的可解离基团的性质又可分为:

① 阳离子交换树脂:分为强酸型(磺酸基,—SO_3H),中强酸型(磷酸根,—PO_4H_2),弱酸型(羧基,—$COOH$)。

② 阴离子交换树脂:均含有胺基,按胺基碱性的强弱分为强碱型[季胺基,—$N^+(CH_3)_3$],弱碱型[叔胺基,—$N(CH_3)_2$;仲胺基,—$NHCH_3$;伯胺基,—NH_2],既含有强碱性基团又含有弱碱性基团即为中强碱型。

2. **离子交换纤维素** 这类离子交换剂以从棉花、软木和硬木提取出来的纤维素作为载体,主要有 DEAE 纤维素、CM 纤维素和磷酸纤维素。根据它们连结在纤维骨架上的交换基团,可分为阳离子交换纤维素和阴离子交换纤维素两类。阳离子交换纤维素又可分为强酸型、中强酸型、弱酸型三种;阴离子交换纤维素也可分为强碱型、中强碱型、弱碱型三种。根据离子交换纤维素存在的物理状态,又可分为纤维型和微粒型两类。微粒型纤维素颗粒细,溶胀性小,能装成紧密而分离效率高的吸附柱,适用于分析;而纤维较长的纤维型纤维素适用于制备。

3. **离子交换交联葡聚糖** 离子交换交联葡聚糖是将离子交换基团联结于交联葡聚糖上制成的各种交换剂,由于交联葡聚糖具有三维空间网状结构,因此,离子交换交联葡聚糖既有离子交换作用,又有分子筛作用。离子交换交联葡聚糖有很高的电荷密度,故比离子交换纤维素有更大的总交换量,但当流动相的 pH 或离子强度变化时,会引起凝胶体积的很大变化,由此影响流速,这是它的一个缺点。

(三) 基本过程

1. **交换剂的处理及转型** 首先要将离子交换剂用水浸泡使之充分膨胀,再用酸和碱处理除去其中不溶性杂质。根据需要选用适当的试剂,使树脂成为所需要的型式(称为转型),阳离子交换剂用 HCl 处理转为 H^+ 型,用 NaOH 处理则为 Na^+ 型;阴离子交换剂用 HCl 处理转为 Cl^- 型,用 NaOH 处理则为 OH^- 型。已经用过的离子交换剂,也可用这种处理方法使它恢复原来的离子型,这种处理称为"再生"。

2. **装柱及加样** 将处理好的离子交换剂装柱,装填均匀,注意防止出现气泡和分层。装柱完毕后,用平衡缓冲液平衡到所需的条件,如特定的 pH、离子强度等,即可加样。加样量的多少和体积主要取决于待分离组分的浓度及其与交换剂的亲和力,当然也要考虑实验的目的。通常柱上吸附的样品区带要紧密且不超过交换剂总体积(柱床体积)的 10%。

3. 洗脱 首先用平衡缓冲液充分冲洗层析柱,除去未吸附的物质。然后再用离子强度或 pH 不同的洗脱缓冲液使交换剂与被吸附离子间的亲和力降低,样品离子中的不同组分便会以不同速度从柱上被洗脱下来,从而达到分离的目的。洗脱方法有两种:一种方法是阶段洗脱,将几种不同离子强度或 pH 的洗脱缓冲液依次分别加进去。这种方法简便,但洗脱液离子强度或 pH 的改变是不连续的,样品中的各组分也是阶梯式地分成若干阶段被洗脱下来,分离效果往往不够理想。另一种方法是使洗脱液的离子强度或 pH 呈现梯度变化,这种变化是连续的而不是阶梯式的,分离效果较好,这种洗脱方式称为梯度洗脱。

五、凝胶层析

凝胶层析是指混合物随流动相流经固定相(凝胶)的层析柱时,混合物中各物质因分子大小不同而被分离的技术。固定相(凝胶)是一种不带电荷的具有三维空间的多孔网状结构的物质。凝胶的每个颗粒的细微结构就如一个筛子,小的分子可以进入凝胶网孔,大的分子则被排阻于凝胶颗粒之外,因而具分子筛的性质。整个过程和过滤相似,故又名凝胶过滤。

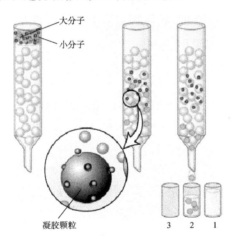

大分子
小分子

凝胶颗粒

3 2 1

图 5-6 凝胶过滤层析

(一)基本原理

当混合物样品加入到层析柱中时,大小分子(指相对分子质量)流速不同,相对分子质量大的物质(阻滞作用小)沿凝胶颗粒间的孔隙随洗脱液移动,流程短,移动速度快,先流出层析柱;而相对分子质量小的物质(阻滞作用大)可通过凝胶网孔进入凝胶颗粒内部,然后再扩散出来,故流程长,移动速度慢,最后流出层析柱。也就是说,凝胶层析的基本原理是按溶质相对分子质量的大小,分别先后流出层析柱,大分子先流出,小分子后流出。当两种以上不同相对分子质量的分子均能进入凝胶颗粒内部时,则由于它们被排阻和扩散程度不同,在层析柱内所经过的时间和路程长短不同,从而得到分离。

层析柱的总床体积(V_t)可分为三个组分,即:

$$V_t = V_o + V_i + V_m$$

式中,V_o 为凝胶颗粒之间液体的体积(即外水体积),V_i 为凝胶颗粒内所含的液体体积(即内水体积),V_m 为凝胶颗粒本身的体积。

每个溶质分子在流动相和固定相之间有一个特定的分配系数(称 K_d)。K_d 是凝胶层析的一个特征常数,即溶质在流动相和固定相之间分配的比例。由此,某溶质的洗脱体积(V_e)为:

$$V_e = V_o + K_d \cdot V_i,即,K_d = (V_e - V_o)/V_i$$

当 $K_d = 0$ 时,$V_e = V_o$,即溶质分子(大分子)完全不能进入凝胶颗粒内,完全被排阻于凝胶颗粒微孔之外而最先被洗脱下来;当 $K_d = 1$ 时,即 $V_e = V_o + V_i$,说明这种溶质分子(小分子)完全向凝胶颗粒内扩散,在洗脱过程中将最后流出柱外。通常 $0 < K_d < 1$,意味着溶质分子以不同程度向凝胶颗粒内扩散。K_d 愈大,进入凝胶颗粒内的程度愈大,在中间情况下,例如 $K_d = 0.5$ 时,其洗脱体积 $V_e = V_o + 0.5 V_i$。因此 $V_o < V_e \leqslant (V_o + V_i)$,相应的 $0 < K_d \leqslant 1$。实际上,K_d 很难大于 $0.8 \sim 0.9$。

(二)常用凝胶

层析用凝胶是一些具有立体网状结构和一定网孔直径的天然或人工合成的高分子化合物,如天然物质中的马铃薯淀粉、琼脂糖凝胶等,人工合成产品中的葡聚糖凝胶、聚丙烯酰胺凝胶等。

凝胶应具有下列性质:①是化学惰性物质,即对溶质没有物理或化学的吸附,也不和溶质发生化学反应,不引起酶及蛋白质的变性;②具有稳定的化学结构,可以反复使用;③离子基团含量少,避免离子交换效应;④机械强度高,不易因压力增加而变形;⑤网眼和颗粒大小均匀;⑥不受溶剂系统的 pH 和浓度的影响。

葡聚糖凝胶(Sephadex)是常用的凝胶,其基本骨架是葡聚糖,它是由多个葡萄糖残基通过 α-1,6 糖苷键(95%)和 α-1,3 糖苷键(5%)形成的多糖聚合物,以 3-氯-1,2-环氧氯丙烷为交联剂,将链状结构连接起来,形成三维网状多孔结构的高分子化合物,其网孔大小直接与交联度有关。根据交联程度及吸水量的不同,将葡聚糖凝胶分为 8 种型号,即:Sephadex-G 10、15、25、50、75、100、150、200,G 后面的数值可以近似地对应于它的吸水量乘以 10。各种型号的网孔大小是通过调节交联剂和葡萄糖的比例来控制的。交联度越大,网孔结构越紧密,它可承受的压力越大,不易因压力而变形;交联度越小,网孔结构越疏松,网孔越大,它承受的压力越小,易受压而变形。

（三）实验过程

1. 凝胶的选择与处理　葡聚糖、琼脂糖和聚丙烯酰胺凝胶都是三维空间网状结构的高分子聚合物。混合物的分离程度主要决定于凝胶颗粒内部微孔的孔径和混合物相对分子质量的分布范围。微孔孔径(ρ)的大小与凝胶物质在凝胶相中的浓度(c)的平方根成反比,而与凝胶聚合物分子的平均直径(d)成正比。移动缓慢的小分子物质,在低交联度的凝胶上不易分离,大分子物质同小分子物质的分离宜用高交联度的凝胶。凝胶颗粒的粗细与分离效果有直接关系,颗粒细的分离效果好,但流速慢;而颗粒粗的流速快但会使区带扩散,使洗脱峰变平变宽。因此,要根据实验的需要,适当选择颗粒大小及调整流速。为除去影响流速的过细颗粒,使凝胶颗粒均匀,一般采用自然沉降,再用倾倒法除去悬浮的过细凝胶颗粒。交联葡聚糖和聚丙烯酰胺凝胶通常为干燥的颗粒,使用前必须充分溶胀,水洗过程在室温下缓慢进行,也可用沸水浴方法加速溶胀平衡。在装柱前,凝胶的溶胀必须彻底,否则由于后继溶胀过程,会逐渐降低流速,影响层析的均一性,甚至会使层析柱胀裂。

2. 柱的选择及装填　层析柱一般用玻璃管或有机玻璃管制成,管底部放置玻璃纤维或砂芯滤板。装柱时,先在玻璃柱和漏斗中加满水或洗脱剂,并关闭下端出口。然后缓缓加入凝胶悬浮液,自然沉降,待底部凝胶沉积 1～2 cm 后,打开下端出口开关,控制适当流速,逐步添加凝胶悬浮液直至完成装柱。此时柱体必须保持垂直,凝胶上端必须保持平整,流速不可太快。层析的分离效果和装填的层析床是否均匀有很大关系,因此使用前必须检查装柱的质量。最简单的方法是用肉眼观察,柱内凝胶必须均匀,柱内不得有气泡和"纹路"。或者将一种有色物质的溶液流过层析柱床,观察色带的移动,如色带狭窄、均匀平整,说明装柱质量良好。

3. 加样及洗脱平衡　当层析柱平衡后,吸去上层液体,待平衡液流至床表面以下 1～2 mm 时,关闭出口,以最小体积样品用滴管或移液枪慢慢加入,打开出口,调整流速,使样品慢慢渗入层析床内,当样品加完流至快干时,小心加入洗脱液洗脱。所加样品的体积越小,分离效果越好。通常加样量为床体积的 1%～5%。非水溶性物质的洗脱采用有机溶剂,水溶性物质的洗脱一般采用水或具有一定离子强度和 pH 的缓冲液。pH 的影响与被分离物质的酸碱度有关:酸性时,碱性物易于洗脱;碱性时,酸性物质易于洗脱。多糖类物质的洗脱以水为最佳。有时为了使样品增加溶解度而使用含盐洗脱剂,盐类的另一个作用是抑制交联葡聚糖和琼脂糖凝胶的吸附作用。由于混合物中各物质的分子大小和形状不同,在洗柱过程中,相对分子质量最大的物质因不能进入凝胶网孔而沿凝胶颗粒间的空隙最先流出柱外;相对分子质量最小的物质因能进入凝胶网孔而受阻滞,流速缓慢,因此最后流出柱外。

4. 凝胶柱的保养　交联葡聚糖和琼脂糖都是多糖类物质,因此极易染菌,由微生物分泌的酶能水解多糖的糖苷键。聚丙烯酰胺凝胶虽不是微生物的生长介质,但其溶胀的悬浮液也常因染菌而改变特性。为了抑制微生物的生长,磷酸离子和所有底物必须在凝胶床保存之前完全除去,将柱真空保存或低温保存,但温度不可过低。保存介质的离子强度要高一些,以防冻结。常用的方法是在凝胶中加入一些抑菌剂。

5. 凝胶的再生和干燥　交联葡聚糖凝胶可用 0.2 mol/L NaOH 和 0.5 mol/L NaCl 的混合液处理,聚丙烯酰胺凝胶和琼脂糖凝胶常用 0.5 mol/L NaOH 处理。经常使用的凝胶以湿态保存为主,只要在其中加入适当的抑菌剂就可放置几个月至一年,不需要干燥(尤其是琼脂糖凝胶,干燥操作比较麻烦,干燥后又不易溶胀,一般都以湿法保存)。如需进行干燥时应先将凝胶按一般再生处理彻底悬浮,除去碎颗粒,以大量水洗涤除去杂质,然后用逐步提高乙醇浓度的方法使之脱水皱缩。

六、亲和层析

(一)基本原理

生物体中许多高分子化合物具有和某些相对应的专一分子可逆结合的特性,例如酶蛋白和辅酶、抗原和抗体、激素及其受体、核糖核酸与其互补的核糖核酸或脱氧核糖核酸等。生物分子间的这种结合能力称为亲和力。亲和层析就是利用生物分子间专一的亲和吸附原理而设计的层析技术。当流动相流经固定相,双方即进行亲和吸附,然后利用亲和吸附剂的可逆性质,将它们解离,从而达到分离提纯的目的。

亲和层析的基本过程是:先选择欲分离物质的亲和对象,将其作为配基,在不损害生物功能的条件下与非水溶性载体结合,使之固定化,并装入层析柱中作为固定相;然后把含有欲分离物质的混合液作为流动相,在有利于配基固定相和欲分离物质之间形成复合物的条件下进入层析柱。这时,混合物中只有能与配基形成专一亲和力的物质分子被吸附,不能亲和的杂质则直接流出。改变洗涤液,促使配基与其亲和物解离,从而释放出亲和物。

亲和层析的优点是:条件温和,操作简单,效率高,特别对分离含量极少而又不稳定的活性物质最有效。粗提液经亲和层析一步就能提纯几百至几千倍。

例如分离胰岛素受体时,把胰岛素作为配基,偶联于琼脂糖载体上,经亲和层析,从肝细胞抽提液中纯化达5 000倍。亲和层析的局限性在于不是任何生物大分子都有特定的配基,针对某一分离对象需要制备专一的配基和选择特定的层析条件。

（二）载体的选择

亲和层析的理想载体应具备下列特性:① 不溶性;② 渗透性:疏松网状结构,容许大分子自由通过;③ 高硬度及适当的颗粒形式（最好为均一的珠状）;④ 最低的吸附力;⑤ 较好的化学稳定性;⑥ 抗微生物和酶的侵蚀;⑦ 亲水性;⑧ 大量的化学基团可供活化,能与大量配基共价连接。

亲和层析所有的固相载体和凝胶层析所用的凝胶基本相同,所以用作凝胶层析的琼脂糖凝胶、葡聚糖凝胶及聚丙烯酰胺等都可应用,此外还可以运用纤维素或多孔玻璃微球等。其中以琼脂糖凝胶最为广泛。

琼脂糖凝胶是由琼脂分离制备的链状多糖,它的结构单元是D-半乳糖和3,6-脱水-L-半乳糖。琼脂糖凝胶属于大网孔型凝胶,通常使用的琼脂糖凝胶有三种浓度,即2%、4%、6%,其相应的商品名为 Sepharose 2B、4B、6B,其中以Sepharose 4B 的使用最为广泛。琼脂糖凝胶具有众多适合亲和层析的优良特性:① 物理和化学性质稳定;② 良好的惰性,不带电荷,不会发生离子交换反应,对生物大分子的物理吸附也很小;③ 较好的亲水性,结构疏松,生物大分子可以自由进入凝胶颗粒和配体充分接触;④ 用溴化氰活化的琼脂糖可以在温和的条件下偶联较多的配体,制得的亲和吸附剂的吸附容量大。

当然,一般的琼脂糖凝胶也有其缺点。由于琼脂糖凝胶是一种热可逆凝胶,凝胶受热即失去稳定性,最后溶解。因此,凝胶必需保存在低温下,但不能冻结,因为冻结也会破坏凝胶结构,故常在0～40℃温度下保存琼脂糖凝胶。此外,凝胶不能加热消毒,宜湿态储存。

（三）配体与载体的偶联

为了使以上载体能与配基结合,通常要先将载体用适当的化学方法处理,这称为活化。对于多糖类载体,最常用的是溴化氰活化法,该法可使多糖上的部分羧基变成活泼的基团,进一步可与蛋白质或其他具有氨基的化合物迅速结合,形成稳定的共价结合物。这种偶联反应分两步进行:① 在较低的温度和一定的pH 条件下用溴化氰活化多糖载体;② 在较低的温度和一定的pH 条件下,让活化的多糖载体与配体进行偶联反应。

用小分子化合物作配体进行亲和层析时,往往发现原来亲和力很强的配体偶联到载体上之后,便失去了它原来的专一亲和力。这是由于载体的空间位阻使大分子化合物（亲和物）不能直接接触到配体,因而无法进行专一性的结合。

解决的办法是在载体和配体之间引入适当长度的"手臂"来减少载体的空间位阻,增加配体的活动度。亲和层析中使用较广泛的"手臂"是脂肪族碳氢化合物。

（四）实验过程

亲和层析一般采用柱层析。柱装好后要选用合适的缓冲液平衡柱。平衡缓冲液的组成、pH 和离子强度应选择亲和物双方作用最强、最有利于形成复合物的条件。一般用接近中性 pH 为亲和吸附条件。样品上柱之前最好先用上述缓冲液充分透析。为了有利于复合物的形成,亲和吸附可在 4℃下进行,以防止生物大分子的失活,上柱流速应尽可能慢。样品通过亲和柱后,用大量平衡缓冲液洗去杂质,也常用不同的缓冲液洗涤,进一步除去非专一吸附的杂蛋白,尽可能使亲和柱上只留下专一吸附的亲和物,然后再用洗脱液洗脱亲和物。洗脱液所选取的条件正好与吸附条件相反,应能减弱配体与亲和物之间的亲和力,使亲和物完全解离。

第六章

蛋白质的分离纯化技术

　　蛋白质在组织或细胞中一般都以复杂的混合物形式存在,每种类型的细胞都含有成千种不同的蛋白质,它们在性质上的差异很大。蛋白质的分离和提纯工作是一项艰巨而繁重的任务,到目前为止,还没有一个单独的或一套现成的方法能把任何一种蛋白质从复杂的混合物中提取出来,但对任何一种蛋白质都有可能选择一套适当的分离提纯程序来获取其高纯度的制品。

　　蛋白质提纯的总目标是设法增加制品纯度或比活性,对纯化的要求是以合理的效率、速度、收率和纯度,将需要的蛋白质从细胞的其他成分,特别是不想要的杂蛋白中分离出来,同时仍保留这种蛋白质的生物学活性和化学完整性。

　　由于蛋白质的氨基酸序列和数目不同,不同蛋白质的物理、化学和生物学性质有着极大的不同。连接在多肽主链上的氨基酸残基可以是荷正电的或荷负电的、极性的或非极性的、亲水的或疏水的;此外,多肽可折叠成二级结构(α螺旋、β折叠和各种转角)、三级结构和四级结构,形成具有独特大小、形状和氨基酸残基在蛋白质表面的分布状况。利用待分离的蛋白质与其他蛋白质之间在性质上的差异,可以设计出一组合理的分级分离步骤。蛋白质的制备一般分为以下四个阶段:选择材料和预处理,细胞的破碎及细胞器的分离,提取和纯化,浓缩、干燥和保存。

一、选择材料和预处理

　　微生物、植物和动物都可作为制备蛋白质的原材料,所选用的材料主要依据实验目的来确定。对于微生物,应注意它的生长期,在微生物的对数生长期,酶和核酸的含量较高,可以获得高产量。以微生物为材料时有两种情况:① 利用微生物菌体分泌到培养基中的代谢产物和胞外酶等。② 利用菌体含有的生化物质,如蛋白质、核酸和胞内酶等。植物材料必须经过去壳、脱脂,也需考虑植物品种和生长发育状况不同,其中所含生物大分子的量的变化很大,还需注意植物生长及所需物质含量都与季节密切相关。对动物组织,必须选择有效成分含量丰富的脏器组织为原材料,先进行剪碎、脱脂等处理。另外,对预处理好的材料,若不立即进行实验,应冷冻保存,对于易分解的生物大分子应选用新鲜材料制备。若天然蛋白质很难获得,亦可通过工程菌或工程细胞表达而获得。

二、细胞的破碎及细胞器的分离

（一）细胞的破碎

动物、植物组织或细胞破碎的方法，一般采用匀浆、电动捣碎或超声破碎等方法。如破碎大肠杆菌，可采用反复冻融、超声或溶菌酶法。

1. 高速组织捣碎机　将材料配成稀糊状液，放置于筒内约 1/3 体积，盖紧筒盖，将调速器先拨至最慢处，开动开关后，逐步加速至所需速度。此法适用于动物内脏组织、植物肉质种子等。

2. 玻璃匀浆器匀浆　先将剪碎的组织置于管中，再套入研棒来回研磨，上下移动，即可将细胞研碎。此法的细胞破碎程度比高速组织捣碎机高，适用于量少的动物脏器等组织。

3. 超声波处理法　用一定功率的超声波处理细胞悬液，使细胞急剧震荡破裂，此法多适用于微生物材料。此法的缺点是在处理过程中会产生大量的热，应采取相应降温措施。对超声波敏感的核酸应慎用。

4. 反复冻融法　将细胞在 $-20℃$ 以下冰冻，室温融解，反复几次，由于细胞内形成冰粒，使剩余细胞液的盐浓度增高引起溶胀，使细胞结构破碎。

5. 化学处理法　有些动物细胞，例如肿瘤细胞可采用十二烷基磺酸钠（SDS）、去氧胆酸钠等去垢剂破坏细胞膜。细菌细胞壁较厚，采用溶菌酶处理效果更好。无论用哪一种方法破碎组织细胞，都会使细胞内蛋白质或核酸水解酶释放到溶液中，使生物大分子降解，导致天然物的质量减少，加入二异丙基氟磷酸（DFP）可以降低自溶作用；加入碘乙酸可以抑制活性中心需要有巯基的蛋白水解酶的活性；加入苯甲磺酰氟化物（PMSF）也能抑制蛋白水解酶活性，但不是全部；还可通过选择 pH、温度或离子强度等条件，使其适合于目的物质的提取。

（二）细胞器的分离

细胞内不同细胞器的密度和大小都不相同，在同一离心场内的沉降速度也不相同，根据这一原理，常用不同转速的离心法，将细胞内各种组分分级分离出来。分离细胞器最常用的方法是将组织制成匀浆，在均匀的悬浮介质中用差速离心法进行分离，其过程包括组织细胞匀浆、分级分离和分析三步，该法已成为研究亚细胞成分的化学组成、理化特性及其功能的主要手段。匀浆应在低温条件下，将组织放在匀浆器中，加入等渗匀浆介质（即 0.25 mol/L 蔗糖—0.003 mol/L 氯化钙）进行细胞破碎，使之成为各种细胞器及其包含物的匀浆。

分级分离是由低速到高速离心逐渐沉降。先用低速使较大的颗粒沉淀，再用较高的转速，将浮在上清液中的颗粒沉淀下来，从而使各种细胞结构，如细胞核、线粒体等得以分离。由于样品中各种大小和密度不同的颗粒在离心开始时均匀分布在整个离心管中,所以每级离心所得到的第一次沉淀必然不是纯的颗粒,须经反复悬浮和离心加以纯化。分级分离得到的组分,可用细胞化学和生化方法进行形态和功能鉴定。

三、分离蛋白质混合物的常用方法

（一）根据蛋白质分子大小差异的分离方法

蛋白质分子是高分子化合物,其种类繁多,标准分子质量差别很大,据此设计了一些分离纯化的方法,可使蛋白质混合物得到初步分离。

1. 透析和超滤　透析法是利用较大的蛋白质分子不能通过半透膜的原理设计的,半透膜具有一定的孔径,对通过的分子大小有一定的选择性。在透析过程中,大分子蛋白质不能通过半透膜而滞留在透析袋内,小分子物质可以自由进出透析袋,直到它们在透析袋内外的浓度达到平衡。透析时需反复更换透析液,使小分子物质较完全地除去。透析过程中可测定透析外液中的某种小分子的浓度,以检查透析结果。如采用硫酸铵分步沉淀蛋白质后,需用透析法除去蛋白溶液中的硫酸铵,可用氯化钡溶液检查透析外液。若透析完全,则加入氯化钡后无变化,否则会有白色沉淀产生。为了保持蛋白质在透析过程中的稳定性,透析液一般选用一定 pH 的缓冲液,温度保持在 4℃。透析过程是较慢的扩散过程,所以比较耗时,起码要 10 小时以上,甚至几天。为缩短透析时间,透析液要不断地搅拌,并且勤换。

超滤法是利用高压力或离心力,使水和其他小的溶质分子通过半透膜,而蛋白质留在膜上,从而浓缩了蛋白质并缩短了操作时间,可选择不同孔径的滤膜截留不同相对分子质量的蛋白质。

透析在纯化中极为常用,可除去盐类(脱盐及置换缓冲液)、有机溶剂、小分子的抑制剂等。

2. 离心分离　物质分子大小、形态和质量不同,它们在离心场中表现出不同的行为。原则上,质量大的分子沉降速度快;而体积大的分子阻力大,沉降较慢。

（1）差速离心法:即逐步分级加大离心力。开始在一个较低的速度下离心,使可溶部分和不溶部分分开。再取上清液后加大离心速度,使某些沉降系数大的物质沉淀,其他物质仍保留在溶液中;再次取上清液,加大离心力,又会获得另一些沉淀物质。反复多次,可将混合物根据沉降行为的不同逐级分开。但分辨率较低,仅适用于粗提或浓缩。

（2）密度梯度离心:是根据物质的沉降系数或密度大小不同而进行的。在离心管中造成一个密度环境,使分离物在离心力的作用下,各自停留在其密度相同的区域,从而达到分离的目的。常用的离心介质有蔗糖、聚蔗糖、氯化铯、溴化钾、碘化钠等。

3. 凝胶过滤 也称分子排阻层析或分子筛层析,是根据分子大小的不同分离蛋白质的方法。选择不同的凝胶可用于脱盐、置换缓冲液及利用相对分子质量的差异除去不需要的物质。最常用的填充材料是葡聚糖凝胶(sephadex)和琼脂糖凝胶(sepharose)。需要注意的是,在选择凝胶时要使分离的蛋白质相对分子质量在凝胶的工作范围内。

(二) 根据蛋白质溶解度不同的分离方法

影响蛋白质溶解度的外界因素很多,其中主要有溶液 pH、离子强度、介电常数和温度,但在同一特定外界条件下,不同的蛋白质具有不同的溶解度。适当改变外界条件,可控制蛋白质混合物中某一成分的溶解度。

1. 蛋白质的盐析 中性盐对蛋白质的溶解度有显著影响,一般在低盐浓度下随着盐浓度的升高,蛋白质的溶解度增加,称为盐溶。这是因为在低盐浓度的蛋白质溶液中,由于静电作用,使蛋白质分子外围聚集了一些带相反电荷的离子,从而加强蛋白质和水的作用,减弱蛋白质分子间的作用,故增加了蛋白质的溶解度。当盐的浓度继续升高时,大量的盐离子与蛋白质离子竞争溶液中的水分子,从而降低了蛋白质分子的水合程度,于是蛋白质胶粒凝结并沉淀析出,这种现象称为盐析。盐析时若溶液 pH 在蛋白质等电点附近则效果更好。由于各种蛋白质分子颗粒大小、亲水程度不同,故盐析所需的盐浓度也不一样,因此调节混合蛋白质溶液中的中性盐浓度可使各种蛋白质分段沉淀。

影响盐析的因素有:① 温度:除对温度敏感的蛋白质在低温(4℃)操作外,一般可在室温中进行。一般来说,温度低时,蛋白质溶解度降低。但有的蛋白质(如血红蛋白、肌红蛋白、白蛋白)在较高的温度(25℃)比 0℃时溶解度低,更容易盐析。② pH:大多数蛋白质在等电点时在浓盐溶液中的溶解度最低。③ 蛋白质浓度:蛋白质浓度高时,欲分离的蛋白质常常夹杂着其他蛋白质一起沉淀出来(共沉现象)。因此在盐析前需加等量生理盐水稀释,使蛋白质含量在 2.5%～3.0%。蛋白质盐析常用的中性盐主要有硫酸铵、硫酸镁、硫酸钠、氯化钠、磷酸钠等。其中应用最多的是硫酸铵,其优点是温度系数小而溶解度大(25℃时饱和溶液为 4.1 mol/L,即 767 g/L;0℃时饱和溶解度为 3.9 mol/L,即 676 g/L),在这一溶解度范围内,许多蛋白质和酶都可以盐析出来;另外硫酸铵分段盐析效果也比其他盐好,不易引起蛋白质变性。硫酸铵溶液的 pH 常在 4.5～5.5,当需用其他 pH 进行盐析时,需用硫酸或氨水调节。蛋白质在盐析沉淀分离后,需将蛋白质中的盐除去,常用的办法是透析。此外也可用葡萄糖凝胶 G-25 或 G-50 柱层析的办法脱盐,所用的时间更短。

2. 等电点沉淀法　蛋白质在等电点时颗粒之间的静电斥力最小,因而溶解度也最小,各种蛋白质的等电点有所差别,可利用调节溶液的 pH 达到某一蛋白质的等电点使之沉淀,但此法很少单独使用,常与盐析法结合使用。

3. 低温有机溶剂沉淀法　用与水可混溶的有机溶剂(如甲醇、乙醇或丙酮等),能减少水和蛋白质之间的作用,使蛋白质脱水,增强蛋白质分子之间的作用力,可使多数蛋白质溶解度降低并析出。此法分辨力比盐析高,但蛋白质较易变性,需在低温下进行。不同蛋白质的溶解度所需的有机溶剂的浓度不同,选用适当浓度的有机溶剂可以粗分蛋白质组分。

4. 某些蛋白质沉淀剂的作用　有些离子型的表面活性剂、生物碱或酸类试剂,可以通过改变蛋白质的带电性质使其沉淀下来。如苦味酸、钨酸、三氯醋酸等含多价离子,能中和蛋白质分子的大部分电荷,与蛋白质形成复合物共同沉淀下来。还有一些水溶性非离子聚合物如右旋糖苷硫酸钠、聚乙二醇(PEG)也能引起蛋白质的沉淀。蛋白质在 PEG 中的溶解度与 PEG 的相对分子质量有关,相对分子质量在 4 000～6 000 的 PEG 常用作蛋白质的沉淀剂。

(三)根据蛋白质带电性质分离的方法

根据蛋白质在不同 pH 环境中带电性质和电荷数量不同,可将其分开。

1. 电泳法　各种蛋白质在同一 pH 条件下,由于相对分子质量和电荷数量不同而在电场中的迁移率不同,由此得以分开。值得重视的是,等电聚焦电泳是利用一种两性电解质作为载体,电泳时两性电解质形成一个由正极到负极逐渐增加的 pH 梯度,当带一定电荷的蛋白质在其中泳动时,到达各自等电点的 pH 位置就停止,此法可用于分析和制备各种蛋白质(详见电泳技术章节)。

2. 离子交换层析法　当被分离的蛋白质溶液流经离子交换层析柱时,带有与离子交换剂相反电荷的蛋白质被吸附在离子交换剂上,随后用改变 pH 或离子强度的方法将吸附的蛋白质依次洗脱下来(详见层析技术章节)。

(四)运用基因工程方法在目的蛋白上增加序列标签

通过改变 cDNA 序列,在被表达的蛋白质的氨基端或羧基端加入少许几个额外氨基酸,这个加入的序列可用来作为一个有效的纯化依据。

1. GST 融合载体　使要表达的蛋白质和谷胱甘肽 S 转移酶一起表达,然后利用 Glutathione Sepharose 4B 作亲和纯化,再利用相应的蛋白水解酶切除谷胱甘肽 S 转移酶。

2. 蛋白 A 融合载体　使要表达的蛋白质和蛋白 A 的 IgG 结合部位融合在一起表达,以 IgG Sepharose 纯化。

3. 含组氨酸标记(Histidine-tag)　在蛋白质的氨基端或羧基端加上 6～10 个组氨酸,在一般或变性条件(如 8 mol/L 尿素)下借助 Chelating Sepharose

与 Ni^{2+} 螯合柱紧密结合的能力,用咪唑洗脱,或将 pH 降至 5.9 使组氨酸充分质子化,不再与 Ni^{2+} 结合而得以纯化。

（五）根据配体特异性分离的方法——亲和层析法

亲和层析法(affinity chromatography)是分离蛋白质的一种极为有效的方法,它经常只需经过一步处理即可使某种待提纯的蛋白质从复杂的蛋白质混合物中分离出来,而且纯度很高。该法是利用某些蛋白质能与另一种称为配基(ligand)的分子特异而非共价结合的性质,具有结合效率高、分离速度快的特点。吸附后可通过改变缓冲液的离子强度和 pH 的方法,将蛋白质洗脱下来,也可用更高浓度的同一配体溶液或亲和力更强的配体溶液洗脱。配基可以是酶的底物、抑制剂、辅因子、特异性的抗体。按配基的不同可分为:

1. 金属螯合介质　金属离子 Cu^{2+}、Zn^{2+} 和 Ni^{2+} 等可以亚胺络合物的形式键合到固定相上,由于这些金属离子可与色氨酸、组氨酸和半胱氨酸之间形成配位键,从而形成了亚胺金属-蛋白螯合物,使含有这些氨基酸的蛋白质被含有这些金属离子的固定相吸附。螯合物的稳定性受单个组氨酸和半胱氨酸解离常数所控制,从而也受流动相的 pH 和温度的影响,控制条件可以使不同蛋白质相互分离。

2. 小配体亲和介质　配体有精氨酸、苯甲酰胺、明胶、肝素和赖氨酸等。

3. 抗体亲和介质　即免疫亲和层析,配体有重组蛋白 A 和重组蛋白 G。但蛋白 A 比蛋白 G 专一,蛋白 G 能结合更多不同源的 IgG。

4. 染料亲和介质　染料层析的效果除主要取决于染料配体与酶的亲和力大小外,还与洗脱缓冲液的种类、离子强度、pH 及待分离的样品纯度有关。配体有 Cibacron Blue 和 Procion Red 两种。在一定的条件下,固定化的染料能起阳离子交换剂的作用,为了避免此现象的发生,最好在离子强度小于0.1 mol/L 和 pH 大于 7 时操作。

5. 外源凝集素亲和介质　配体有刀豆球蛋白、扁豆外源凝集素和麦芽外源凝集素。固相外源凝集素能和数种糖类残基发生可逆反应,适合纯化多糖、糖蛋白。

（六）根据疏水性不同分离的方法

多数疏水性的氨基酸残基藏在蛋白质的内部,但也有一些在表面。蛋白质表面的疏水性氨基酸残基的数目和空间分布决定了该蛋白质是否具有与疏水柱填料结合从而利用它来进行分离的能力,因其廉价和纯化后的蛋白质仍具有生物活性,所以是一种通用性的分离和纯化蛋白质的工具。高浓度盐溶液中蛋白质在柱上保留,在低盐或水溶液中蛋白质从柱上被洗脱,因而特别适用于浓硫酸铵溶液沉淀分离后的母液以及该沉淀用盐溶解后的含有目标产品的溶液直接进样到柱上。当然,也适用于 7 mol/L 盐酸胍或 8 mol/L 脲的大肠杆菌裂解液直接进样到柱上,在分离的同时也进行了复性。

四、浓缩、干燥及保存

（一）样品的浓缩

生物大分子在制备过程中由于过柱纯化而使样品变得很稀,为了保存和鉴定,需要进行浓缩。常用的浓缩方法有:

1. 减压加温蒸发浓缩　通过降低液面压力使液体沸点降低,减压的真空度愈高,液体沸点降得愈低,蒸发愈快,此法适用于一些不耐热的生物大分子的浓缩。

2. 空气流动蒸发浓缩　空气的流动可使液体加速蒸发,铺成薄层的溶液,表面不断通过空气流,或将生物大分子溶液装入透析袋内置于冷室,用电扇对准吹风,使透过膜外的溶剂不断蒸发,而达到浓缩目的,此法浓缩速度慢,不适用于大量溶液的浓缩。

3. 冰冻法　生物大分子在低温结成冰,盐类及生物大分子不进入冰内而留在液相中。操作时先将待浓缩的溶液冷却使之变成固体,然后缓慢地融解,利用溶剂与溶质熔点的差别而达到除去大部分溶剂的目的。如蛋白质和酶的盐溶液用此法浓缩时,不含蛋白质和酶的纯冰结晶浮于液面,蛋白质和酶则集中于下层溶液中,移去上层冰块,可得蛋白质和酶的浓缩液。

4. 吸收法　通过吸收剂直接吸收除去溶液中的溶剂分子使之浓缩。所用的吸收剂必须与溶液不起化学反应,不吸附生物大分子,易与溶液分开。常用的吸收剂有聚乙二醇、聚乙烯吡咯酮、蔗糖和凝胶等。使用聚乙二醇吸收剂时,先将生物大分子溶液装入半透膜的袋里,外加聚乙二醇覆盖置于 4℃下,袋内溶剂渗出即被聚乙二醇迅速吸去,聚乙二醇被水饱和后要更换新的聚乙二醇直至达到所需要的浓缩程度。

5. 超滤法　超滤法是使用一种特别的薄膜对溶液中各种溶质分子进行选择性过滤的方法,让液体在一定压力下(氮气压或真空泵压)通过膜时,溶剂和小分子透过,大分子受阻保留,这是近年来发展起来的新方法,最适于生物大分子尤其是蛋白质和酶的浓缩或脱盐,并具有成本低、操作方便、条件温和、回收率高、能较好地保持生物大分子的活性等优点。应用超滤法的关键在于膜的选择,不同类型和规格的膜、水的流速、相对分子质量截止值(即大体上能被膜保留分子的最小相对分子质量值)等参数均不同,必须根据实际需要来选用。另外,超滤装置形式、溶质成分及性质、溶液浓度等都对超滤的效果有一定影响。用超滤膜制成空心的纤维管,将很多根这样的纤维管拢成一束,管的两端与低离子强度的缓冲液相连,使缓冲液不断地在管中流动。然后将这束纤维管浸入待透析的蛋白质溶液中,当缓冲液流过纤维管时,小分子很易透过膜而扩散,大分子则不能通过。纤维过滤透析法,由于透析面积增大,因而使透析时间缩短了10倍。

(二) 干燥

制备得到的生物大分子产品易变质、不易保存,常需要干燥处理,最常用的方法是冷冻干燥和真空干燥。真空干燥适用于不耐高温、易于氧化物质的干燥和保存。在相同压力下,水蒸气压力随温度下降而下降,故在低温低压下,冰很易升华为气体。操作时一般先将待干燥的液体冷冻到冰点以下使之变成固体,然后在低温低压下将溶剂变成气体而除去。此法干燥后的产品具有疏松、溶解度好、保持天然结构等优点,适用于各类生物大分子的干燥保存。

(三) 贮存

生物大分子的稳定性与保存方法有很大的关系。干燥的制品一般比较稳定,在低温情况下其活性可在数日甚至数年无明显变化,贮藏要求简单,只要将干燥的样品置于干燥器内(内装有干燥剂)密封,保持 0~4℃,贮藏于冰箱即可。液态贮藏时应注意以下几点:

1. 样品不能太稀　必须浓缩到一定浓度才能封装贮藏,样品太稀易使生物大分子变性。

2. 一般需加入防腐剂和稳定剂　常用的防腐剂有甲苯、苯甲酸、氯仿、百里酚等。蛋白质和酶常用的稳定剂有硫酸铵糊、蔗糖、甘油等,酶也可加入底物和辅酶以提高其稳定性。此外,钙、锌、硼酸等溶液对某些酶也有一定的保护作用。

3. 贮藏温度要低　大多数在 0℃ 左右冰箱保存,有的则要求更低,应视不同物质而定。

第七章

核酸的分离纯化技术

核酸分为两大类：一类称为核糖核酸（RNA），由碱基（腺嘌呤、鸟嘌呤、胞嘧啶、尿嘧啶）、磷酸和核糖组成；另一类称为脱氧核糖核酸（DNA），由碱基（腺嘌呤、鸟嘌呤、胞嘧啶、胸腺嘧啶）、磷酸和脱氧核糖组成。不论是 RNA 还是 DNA，都是由碱基、磷酸、核糖或脱氧核糖组成一个核苷酸，然后每个核苷酸再通过磷酸二酯键聚合而成高分子化合物。真核生物染色体为双链线性 DNA 分子，原核生物染色体、质粒及真核生物细胞器 DNA 为双链环状分子，RNA 多为单链线性分子。核酸相对分子质量很大，从数万（转移 RNA）至数千万，甚至达亿万（染色体 DNA），分子高度不对称。核酸是两性电解质，有一定的等电点，既能与金属离子结合成盐，又能与碱性物质结合形成化合物。由于核酸分子组成中磷酸基团的酸性强于碱基的碱性，故其水溶液呈酸性。

核酸类化合物都溶于水，不溶于有机溶剂。在细胞内核酸常和蛋白质结合以核蛋白形式存在。核糖核蛋白和脱氧核糖核蛋白在不同浓度电解质溶液中溶解度有显著差别，例如在不同浓度的氯化钠溶液中脱氧核糖核蛋白的溶解度不同：当氯化钠溶液为 0.14 mol/L 时，脱氧核糖核蛋白的溶解度仅为在水中溶解度的 1/100；当氯化钠溶液再增加时，脱氧核糖核蛋白的溶解度重新增加；氯化钠浓度增加至 0.5 mol/L 时，溶解度与在水中的溶解度相似；而当氯化钠浓度增加至 1 mol/L 时，脱氧核糖核蛋白的溶解度比在水中的溶解度大两倍。而核糖核蛋白在 0.14 mol/L 时的氯化钠溶液中仍有相当大的溶解度，因此常用 0.14 mol/L 氯化钠溶液提取核糖核蛋白，此时，脱氧核糖核蛋白溶解极少而与核糖核蛋白分离。提取脱氧核糖核蛋白时，则选用 1 mol/L 氯化钠溶液，使其达到最大提取效果。此外，两种核蛋白溶解度和 pH 有关，脱氧核糖核蛋白在 pH 4.2 时，溶解度最低；而核糖核蛋白在 pH 2.0～2.5 时最低，调节溶液中的 pH，也可促使二者分离。

从组织中提取核酸的基本步骤是首先破碎细胞，用适当的溶剂使核酸和核蛋白溶出，将蛋白变性，使核酸和蛋白分离，并破坏可使核酸降解的核酸酶，去除变性的蛋白以及多糖、脂类等生物大分子后得到核酸粗提液，将核酸从粗提液中沉淀下来进一步分离纯化。

提取核酸的基本原则是：(1) 保证核酸分子一级结构的完整性。实验过程尽量简化，减少不必要的操作步骤，应避免物理(如机械剪切力、高温)、化学(如过酸、过碱)、生物(如内源性或外源性核酸酶)等因素对核酸分子的降解。(2) 排除其他分子的污染，如蛋白、多糖、脂类等生物大分子以及盐类、有机溶剂等小分子杂质的污染应降到最低程度。另外，提取 DNA 时应去除 RNA 分子，反之亦然。

一、RNA 的提取

RNA 在细胞中主要有三种类型，即 mRNA(信使核糖核酸)、tRNA(转移核糖核酸)和 rRNA(核糖体核糖核酸)。克隆 cDNA、逆转录 PCR、RNA 测序、基因表达分析及蛋白质体外翻译等均依赖纯度高、完整性好的 RNA。因此，制备高纯度、结构完整、活性良好的 RNA 是生命科学研究中一项基础性操作。RNA 可以从不同生物材料提取，通常提取的 RNA 是总 RNA，再根据实验需要从中分离纯化各种 RNA。mRNA 代谢极不稳定，提取时要求条件较严格；提取 tRNA 时，当细胞破碎后，用酸处理得到"pH 5"沉淀，即为 tRNA；rRNA 占全部 RNA 的 80% 以上，代谢比较稳定，一般提取的大分子 RNA 以此为主要部分。

提取 RNA 要特别注意避免 RNA 酶(RNase)对 RNA 的降解。RNA 酶非常稳定且无处不在，除细胞内的 RNA 酶外，实验人员的皮肤、唾液，以及各种实验器材、试剂等都容易被 RNA 酶污染，因此提取 RNA 时必须抑制内源性 RNA 酶的活性。同时为了防止外源性 RNA 酶的污染，实验人员应戴口罩、手套，玻璃器皿、塑料制品、电泳槽等须用 0.1% DEPC(焦碳酸二乙酯)浸泡过夜，然后高压灭菌去除 DEPC。DEPC 可与 RNA 酶活性中心结合，抑制其活性。玻璃器皿也可 180℃ 干烤 8 小时以上去除 RNA 酶。

Trizol 试剂是一种常用的 RNA 提取试剂，可以快速提取人、动植物、细菌等不同生物的总 RNA。Trizol 的主要成分是异硫氰酸胍和苯酚，它们是蛋白质的强烈变性剂，能裂解细胞，解聚核蛋白，灭活 RNA 酶。在细胞裂解过程中，Trizol 能保持 RNA 一级结构的完整性。经氯仿抽提、离心后 RNA 存在于水相，取出水相，用异丙醇沉淀即可获得 RNA。

二、质粒 DNA 的制备

质粒是细菌内携带的染色体外的共价闭合环状 DNA，能独立进行复制，其相对分子质量一般为 $10^6 \sim 10^8$，小型质粒的长度一般为 1.5～15 kb，是分子生物学中常用的克隆及表达载体之一。

质粒 DNA 的提取是基因工程操作中最常用及最基本的技术。现在已有多种成熟的方法可供选择,如氯化铯-溴化乙锭梯度平衡离心法、碱裂解法、煮沸法、非离子型去污剂法及酚/氯仿抽提法等。质粒 DNA 提取的一般步骤为:① 用选择性培养基培养带有目标质粒的细菌;② 收获并裂解细胞;③ 从细胞裂解液中提取并纯化质粒 DNA。现分述如下:

1. 细菌培养物的生长 从琼脂平板上挑取一个单菌落,接种到培养物中(应含有适当抗生素),现在使用的许多质粒载体(如 pUC 系列)都能复制很高的拷贝数,只要接种后培养至对数生长期,就可以用于大量提纯质粒。然而,较老一代的载体(如 pBR322)由于不能自由复制,所以需要在部分生长的细菌培养物中加入氯霉素(170 μg/ml)继续培养若干小时,以便对质粒进行扩增。其原理是:氯霉素可以抑制宿主的蛋白质合成,阻止了细菌染色体的复制,而松弛型质粒仍可继续复制,在若干小时内,其拷贝数持续递增。

2. 细菌的收获和裂解 细菌的收获可通过离心来进行,而细菌的裂解则可以采用多种方法,包括用非离子型或离子型去污剂、有机溶剂或碱进行处理或用加热处理等。究竟选择哪种方法取决于 3 个因素:质粒的大小、细菌菌株及裂解后用于纯化质粒 DNA 的技术。一般可根据以下准则来选择适当方法,以取得满意的结果:

① 大质粒(大于 15 kb)容易受损,故应采用温和裂解法将其从细胞中释放出来。将细菌悬于蔗糖等渗溶液中,然后用溶菌酶和 EDTA 进行处理,破坏细胞壁和细胞外膜,再加入 SDS 一类去污剂溶解球形体。这种方法最大限度地减小了从具有正压的细菌内部把质粒释放出来所需要的作用力。

② 分离小质粒可用更剧烈的方法。在加入 EDTA 后,有时还在加入溶菌酶后让细菌暴露于去污剂,通过煮沸或碱处理使之裂解。这些处理可破坏碱基配对,使宿主的线状染色体 DNA 和闭环质粒同时变性,但闭环质粒 DNA 链由于处于拓扑缠绕状态而不能彼此分开。当条件恢复正常时,质粒 DNA 链迅速得到准确配对,重新形成完全天然的超螺旋分子。

③ 一些大肠杆菌菌株(如 HB101 的一些变种衍生株)用去污剂或加热裂解时可释放相对大量的糖类,随后用氯化铯-溴化乙锭梯度平衡离心进行质粒纯化时,糖类会在梯度中紧靠超螺旋质粒 DNA 所占位置形成一致密、模糊的区带。因此很难避免质粒 DNA 内的糖类杂质,而糖类可抑制多种限制酶的活性。故从诸如 HB101 和 TG1 等大肠杆菌菌株中大量制备质粒时,不宜使用煮沸法。

④ 当从表达内切核酸酶 A 的大肠杆菌菌株(endA$^+$株,如 HB101)中少量制备质粒时,建议不使用煮沸法。因为煮沸不能完全灭活内切核酸酶 A,以后在温育(如用限制酶消化)时,质粒 DNA 会被降解。但如果通过一个附加步骤

（用酚∶氯仿进行抽提）可以避免此问题。

⑤ 目前所用质粒的拷贝数都非常高，以致不需要用氯霉素进行选择性扩增就可获得高产。然而，某些工作者沿用氯霉素并不是要增加质粒 DNA 的产量，而是要降低细菌细胞在用于大量制备的溶液中所占体积。大量高度黏稠的浓缩细菌裂解物，处理起来颇为费事，而在对数生长期在培养物中加入氯霉素可以避免这种现象。有氯霉素存在时从较少量细胞获得的质粒 DNA 的量与不加氯霉素时从较大量细胞所得到的质粒 DNA 的量大致相等。

3. 质粒 DNA 的纯化　细胞裂解液中的杂质除了染色体 DNA 外，还有各种细胞壁、膜的碎片，各种酶与其他蛋白质、脂质类杂质以及 RNA 等，纯化步骤应有针对性地将它们去除。例如，用离心的方法去除各种细胞碎片；用酚处理去除蛋白质，包括各种酶；用 RNA 酶处理去除 RNA 等。

① 去除蛋白质、脂质类杂质：常用的去除蛋白质的试剂有酚、酚/氯仿、氯仿/异戊醇，这 3 种试剂各有特点。酚是一种作用非常强烈的蛋白质变性剂，多在初步纯化过程中使用，能非常有效地使蛋白质变性而去除。酚/氯仿也是一种高效的蛋白质变性剂，特别是氯仿有强烈溶脂性，对于同时去除脂质类杂质很有好处；用酚/氯仿的另一个目的是可以节约重蒸酚。氯仿/异戊醇的蛋白质变性能力较弱，主要用于含酚试剂处理后的抽提。氯仿能将微量的溶于 DNA 水溶液中的酚抽提掉，否则微量的酚对于后续酶切、转化等过程都会产生不利影响。正确去除蛋白质杂质的过程应该是酚→酚/氯仿→氯仿/异戊醇处理，根据实验情况也可考虑省略第一或第二步，但切记不可将氯仿/异戊醇的处理步骤省略掉。另外，为使蛋白质能尽可能去除，可重复酚抽提操作。抽提过程完成后的水溶液中仍有痕量的酚、氯仿等。可用乙醇沉淀的方法将它们除去，乙醇沉淀的特点是能在浓缩 DNA 的同时更换整个缓冲系统，但 DNA 会有一定的损失；除了乙醇沉淀外还可用乙醚（水饱和）抽提法：萃取 DNA 溶液数次后吸去上层乙醚，剩余部分则利用它的高挥发性自行除去。乙醚抽提法的特点是能保持原来的缓冲体系，基本上不造成 DNA 的损失。这种方法适用于乙醇沉淀易造成很大损失的含有小分子 DNA 的稀溶液，以其不需要更换缓冲体系为先决条件，否则应选用乙醇沉淀法。

② 去除 RNA 杂质：根据 RNA 与 DNA 在化学与生化性质上的差别，可选用 RNA 酶进行处理，以保留 DNA 而专门降解 RNA。最常用的 RNA 酶是牛胰 RNaseA，它是一种对糖与碱基有专一性的酶，能将大分子 RNA 降解成以 $3'$嘧啶核苷酸结尾的最终产物，小分子 RNA 可以通过沉淀与离心处理去除。除了酶法外，还有利用质粒 DNA 与 RNA 质量的差别进行分离的分子筛胶过

滤法、PEG 沉淀法,以及利用质粒 DNA 与 RNA 沉降速度的差异进行分离的 1 mol/L NaCl 速度区带离心法。

③ 沉淀 DNA:分离、纯化后的 DNA 溶液通常仍很稀,用有机溶剂沉淀步骤可以达到浓缩的目的。沉淀过程中需考虑沉淀条件与离心条件,沉淀条件包括沉淀剂的选择、沉淀的温度与时间以及 DNA 的浓度、所加的盐等;离心条件包括离心力的大小、离心的时间与温度等。

沉淀 DNA 可用 2～3 倍体积的乙醇或使用 0.6～1 倍体积的异丙醇。沉淀通常在 0℃或−20℃进行,对于几个 kb 或更大的 DNA 分子而言,15～30 分钟的沉淀时间已经足够;对于分子较小(<200 bp)或浓度较低(<10 ng)的酶切片段增加时间会明显提高回收率。抽提实验中应将 DNA 的质量浓度控制在几到几十微克每毫升的数量级范围内,以便得到较高的回收率。沉淀 DNA 时加入盐类的目的是中和链上的电荷,使 DNA 易于形成沉淀。常用的盐有 NaAc、NaCl、NH₄Ac、LiCl 等,可根据沉淀 DNA 的具体情况选用。NaAc 是沉淀 DNA 实验中最常用的盐。DNA 溶液中若含有 SDS 或回收 DNA 片段时最好选用 NaCl,因为 SDS 在 NaCl 溶液中能保持溶解状态而不会与 DNA 一起沉淀,并且 NaCl 能使 DNA 生成较大的沉淀。NH₄Ac 主要用于标记 DNA 探针后去除游离的 dNTP 以及去除蛋白质的沉淀过程中。LiCl 主要用于低温下沉淀浓度较稀、相对分子质量较小的 DNA 片段,沉淀 RNA 时也常用 LiCl。

一般浓度(μg/ml 数量级)的 DNA 溶液沉淀时用 12 000×g 离心即可,如果有条件用到 16 000×g 则更好,对于浓度很稀(0.6～100 ng/ml)的 DNA 溶液如果用了超离心技术,也能得到接近 100% 的回收率,但这往往受到实验条件的限制。无论是对 0.6 ng/ml 的低浓度还是 10 μg/ml 的高浓度 DNA 溶液,当离心时间到达 20 分钟时均已沉淀到相当的程度,再延长时间对提高回收率并不明显,而离心机的发热现象却大大增加。但在 20 分钟之内离心时间的增加则能明显提高回收率,特别是对于浓度较低的 DNA 溶液。就离心温度而言,传统的做法是在 4℃进行 DNA 沉淀的离心,但新近的研究表明,室温下离心也并不降低回收率。

目前已有许多商品化的质粒提取试剂盒,这些试剂盒将经典的碱裂解法和吸附、洗脱 DNA 的硅胶柱结合起来,去除了传统提取方法中氯仿/异戊醇抽提及醇类沉淀过程,大大缩短了实验时间,提高了实验效率。纯化的质粒可直接用于酶切、PCR、自动测序、转化或转染等常规分子生物学实验。

三、基因组 DNA 的制备

分离基因组 DNA 主要有两种用途:一是用于基因组结构的研究,获取的

DNA 主要用于制备各种基因组文库,这就要求制备的 DNA 长度适宜。二是用于 Southern blot 分析,这时则要求制备的 DNA 尽可能完整。

真核染色体 DNA 的相对分子质量较大,这些高分子质量 DNA 的制备一般要采用较温和的方法,以减少 DNA 的断裂机会(虽然物理方式包括超声波法、匀浆法、液氮破碎法、Al_2O_3 粉研磨法等均可破碎真核细胞,但会导致 DNA 链的断裂)。为了获得大分子质量的 DNA,一般采用蛋白酶 K 和 SDS 温和处理法,常规的操作温度为 $0\sim4℃$。在 DNA 的分离操作时还应选用大口径移液管,以防机械切割 DNA 成小片段。为避免细胞内的核酸酶引起核酸的降解,在 DNA 的分离操作时使用金属离子螯合剂-EDTA 可抑制 DNA 酶的活性。综上而言,分离基因组 DNA 的基本过程是在 EDTA 及 SDS 一类的去污剂存在下,通过蛋白酶 K 的作用破碎细胞,消化蛋白质,酚、氯仿抽提则可去除与 DNA 结合的蛋白质以及多糖、脂类等生物大分子,然后通过沉淀 DNA,去除盐类、有机溶剂等杂质,达到纯化 DNA 的目的。制备 DNA 的原则是既要将蛋白质、脂类、糖类等物质分离干净,又要保持 DNA 分子的完整。蛋白酶 K 的应用使这两个原则得到了保证。SDS 是离子型表面活性剂,主要作用是:① 溶解膜蛋白而破坏细胞膜;② 解聚细胞中的核蛋白;③ 与蛋白质结合,使蛋白质变性而沉淀下来。蛋白酶 K 可将蛋白降解成小的多肽和氨基酸,使 DNA 分子尽量完整地分离出来。

第八章

聚合酶链反应技术

聚合酶链反应（polymerase chain reaction，PCR）技术诞生于 1985 年，它是根据生物体内 DNA 复制的某些特点而设计的，在体外对特定 DNA 序列进行快速扩增的一项新技术。

一、聚合酶链反应基本原理

PCR 是体外酶促合成、扩增特定 DNA 片段的一种方法。它有两个重要特性：一是能合成特异的 DNA 序列，二是能使特异的 DNA 序列大量扩增。根据 DNA 的变性、复性原理，将双链 DNA 加热至接近 $94 \sim 100℃$ 时，DNA 变性成两条单链 DNA，此单链 DNA 即可用于合成互补链的模板。然而，新链合成的起始点必须有一小段双链 DNA，PCR 反应中，两条人工合成的寡核苷酸引物与单链 DNA 模板中的一段互补序列结合，形成部分双链。在适宜温度下，DNA 聚合酶将 dNTP 中的脱氧单核苷酸加到引物 $3'-OH$ 末端，并以此为起始点，沿模板以 $5' \rightarrow 3'$ 方向延伸，合成一条新的互补链。引物的位置将决定合成的 DNA 序列。

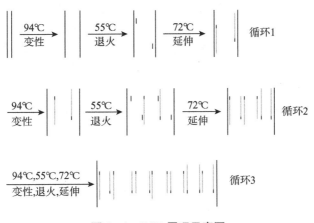

图 8-1　PCR 原理示意图

PCR 反应中，双链 DNA 的高温变性、引物与模板的低温退火和适温下引物延伸三个步骤反复循环。每一循环中所合成的新链,又都可以作为下一循环中的模板。特异 DNA 序列的 PCR 产物随着循环次数呈指数增加,达到迅速大量扩增的目的。扩增倍数(y)可用公式表示为:

$$y=(1+x)^n$$

式中,"x"为扩增效率;"n"为循环次数。

经 30 个循环后,两条引物之间特定 DNA 片段的数量在理论上可增加 10^9 倍,而最初几轮循环产生的超出引物结合位点的较长 DNA 片段的比例随反应次数的增加不断降低,最终可以忽略不计。PCR 技术经过多年的完善、发展,已应用到分子生物学、生物技术、临床医学等各个领域,具有巨大的应用价值。

二、PCR 反应体系

PCR 反应体系包括模板 DNA、引物、4 种脱氧核苷三磷酸(dNTPs)、DNA 聚合酶和适宜的缓冲液。

1. PCR 引物　引物是指两段与待扩增靶 DNA 序列侧翼片段互补的寡核苷酸。当两段引物与变性 DNA 的两条单链 DNA 模板退火后,两引物的 5′端即决定了扩增产物的两个 5′末端位置。扩增是从引物的 3′端开始延伸的,而扩增片段的长度等于引物 A 加两引物间的序列加引物 B。由此可见,引物决定了 PCR 扩增片段的长度、位置和结果。在设计 PCR 引物时,要注意一些准则。一般而言,对目标 DNA 序列知道得越多,选出"理想引物对"的机会越大。实际上,在对具体引物的设计中不一定要符合所有的准则,这是因为对 PCR 反应的组成、温度、PCR 每步的持续时间等反应条件做适当的调整也可以改善反应的特异性。对扩增 200～400 bp DNA 片段来说,只要符合引物设计中少数几个简单准则,就可以设计有效的引物;对于扩增较长的 DNA 片段,选择有效的引物就相对困难些,常常需要用分析软件进行设计。选择 PCR 引物时的一个重要的参数是引物能与目标 DNA 上的特定位点形成稳定的双链体(duplex),而不与其他的引物分子形成双链体或与模板上任何其他的位点互补。引物的稳定性可以通过引物双链的长度(碱基对)、GC/AT 的比率、双链的自由能或熔解温度来计算。下面是 PCR 引物设计的一般准则:

① 引物的熔解温度(稳定性):寡核苷酸引物的熔解温度(T_m 值)与引物的碱基组成和长度相关,5′端和 3′端引物 T_m 值应相近,两者间的差异尽量小于 5℃,否则可能影响扩增效率。设计引物的先决条件是与引物结合的靶 DNA 片段的序列必须是已知的,引物的长度大多为 20～30 个碱基。设计引物时应尽可能选择碱基随机分布的序列,尽量避免多个嘌呤或嘧啶连续出现的序列或其他异常序列。两个引物中 G+C 碱基对的百分比(GC%)应尽量相似,若待扩增

序列中 GC 含量已知时,则引物的 GC 含量应与其类似,一般情况下,引物中 G+C 碱基对含量以 40%～60% 为佳。实际上,PCR 引物的 AT 比率多到 81% 仍可从人的基因组 DNA 中扩增出单一的、特异性的 PCR 产物。设计引物的一个简单的原则是:PCR 引物的 GC/AT 比率应与要扩增的模板 DNA 相当,或略高些。如果 PCR 产物的长度≤500 bp 时,选择 16～18 个核苷酸长的引物;而对于 PCR 产物的长度为 5 kb 时,可选择 24 个核苷酸左右的片段引物。在进行长片段 PCR 时,就要充分利用计算机软件对引物二聚体的形成、自身互补性以及特异性进行分析,以保证 PCR 产物的特异性。对于 20 个碱基以内的引物,熔解温度可用以下公式计算:

$$T_m=4(G+C)+2(A+T)$$

不包括不与模板 DNA 配对的限制酶切位点序列和其 5′端额外的序列,以 $(T_m-5℃)$ 作为退火温度,常得到较好的结果。

② 引物内部应避免具有明显的二级结构:引物内部二级结构的形成,会影响引物与模板间退火。两个引物之间不应有互补序列,尤其是在引物的 3′端。即使无法避免,其 3′端的互补碱基也不能多于 2 个,否则,在 DNA 聚合酶作用下,一条引物在另一条引物上进行延伸,会形成与两条引物长度相近的双链 DNA 片段,即所谓的"引物二聚体"(primer dimer)。为了保证 PCR 有效扩增,引物 3′端的 5～6 个碱基与靶 DNA 片段的配对必须精确、严格。

③ 亚克隆的引物设计:用于亚克隆的 PCR 引物,最常用的方法是在引物的 5′端加上适当的限制性内切酶酶切位点。为了保证限制性内切酶对扩增出的 DNA 片段可有效地进行酶解,一般在酶切位点的 5′端再加上几个额外的碱基。在进行上述设计时,不要延伸出潜在的二聚体(dimer)结构。至于加多少额外的碱基,并无规则可循。为了使扩增的亚克隆 DNA 片段保持高质量,应采用高保真性合成条件,即低核苷酸浓度、低 PCR 循环周期数、较短的延伸时间、不用最后延伸过程等。

2. DNA 聚合酶　目前在 PCR 体系中用的 Taq DNA 聚合酶,最初是从美国黄石国家公园温泉水中发现的一种水生嗜热菌(thermus aquatics)YT 菌株中分离所得的 DNA 聚合酶。水生嗜热菌能在 70～75℃ 下生长,因此 Taq DNA 聚合酶具有热稳定性。实验结果显示,Taq DNA 聚合酶在 95℃ 的半寿期为 40 分钟,其合成 DNA 的最适温度为 72℃。在使用该酶的 PCR 循环中,选用的变性温度不宜高于 95℃。Taq DNA 聚合酶在 PCR 中的常用浓度为 1～2.5 U/100 μl。对于含有序列非常复杂的 DNA 样品(如染色体组 DNA)的扩增反应,Taq 聚合酶的适宜浓度范围为 1～4 U/100 μl。酶量过多,会导致非特异性 PCR 产物增加,酶量过少会引起产量不足。Taq DNA 聚合酶的缺点是它没有 $3'\rightarrow 5'$ 外切核酸酶活性,但具有 $5'\rightarrow 3'$ 的外切核酸酶活性。如果在模板延伸过程中发生 dNTP 的错误掺入,TaqDNA 聚合酶没有校正能力,因此该酶催化生成 PCR 产物中的点突变要多一些。在通常反应条件下,Taq DNA 聚合酶的错掺率约为 $1/(2\times 10^4)$ 个单核苷酸,即每掺入 2×10^4 个单核苷酸就有一个单核苷酸错配。由于 PCR 产量很高,而错配产物在 PCR 总产物中仅占很小比率,对 PCR 产物的分析而言,这一错掺率并不是一个很严重的问题。但是,PCR 产物如用于克隆,含有错配核苷酸的产物克隆的 DNA 都会带有相同的突变。在这种情况下减低错掺率就显得重要了。PCR 的忠实性(或保真性)不仅与外切核酸酶的活性有关,也与反应条件有关。例如对于 Taq DNA 聚合酶而言,改变 $MgCl_2$ 的浓度,PCR 产物中碱基取代的差别可有 70 倍之多。此外,增加模板分子、减少循环次数和减低 DNA 合成总量可以减少 PCR 反应中错配产物的形成。在最适的反应条件下,利用 Taq 酶可以达到或超过具有 $3'\rightarrow 5'$ 外切核酸酶校正功能的热稳定的 DNA 聚合酶的保真性水平。近年来,几个热稳定的、具有 $3'\rightarrow 5'$ 外切核酸酶校正活性的 DNA 聚合酶相继问世,使得 PCR 反应具有较低的错误掺入率。

3. 模板 DNA　PCR 的起始材料可以是单链或双链 DNA。如果起始材料是 mRNA,则先要通过逆转录获得 cDNA,然后以 cDNA 为模板进行 PCR 扩增。用于 PCR 的模板 DNA 不需要纯化,细胞加热变性所释放的 DNA 就可直接应用。如用 DNA 粗品做样品,应避免混有任何蛋白酶、核酸酶、DNA 聚合酶抑制剂及能结合 DNA 的蛋白质。用纯化的 DNA 做 PCR 模板,由于增加了模板分子的浓度,去除了会抑制 PCR 反应的杂质,因而可提高 PCR 扩增的成功率。PCR 所需 DNA 的量极微,依 DNA 的性质而定,不到 1 μg 的基因组 DNA,就足以进行 PCR 分析。对于质粒克隆的 DNA,一般用纳克(ng)量;对于染色体 DNA,一般要用到微克(μg)级。对不同实验的具体用量,可以通过实验确定。DNA 分子只要不与核酸酶接触,是非常稳定的。正因为 DNA 的稳定性,科学家们可以利用 PCR 技术从石蜡包埋 40 多年的宫颈癌活检组织中检测出人乳头状瘤病毒(HPV)DNA,从多年前的血斑分析苯丙酮尿症。甚至从几千年前的埃及木乃伊中分离出来的 DNA 也能用做 PCR 模板进行扩增。

4. 底物　PCR 反应体系中每种脱氧核苷三磷酸的浓度以 $50\sim 200$ $\mu mol/L$ 为宜,而且 4 种 dNTP 的浓度应相同以减少碱基配对的错配误差。在具体操作中,需根据实验具体情况,确定最适的 dNTP 的浓度。在一个 100 μl 的标准反应体系中,浓度为 50 $\mu mol/L$ 和200 $\mu mol/L$ 的 dNTP,就足以分别合成 6.5 μg

和 25 μg 的 DNA。

5. 缓冲液　PCR 反应系统中一般建议使用 10～50 mmol/L Tris-HCl 缓冲液(pH 8.3～8.8)。PCR 反应系统中 Mg^{2+} 的浓度十分重要,它会影响引物退火、模板和 PCR 产物的变性温度、PCR 产物的特异性、引物二聚体的形成以及酶的活性和错掺率。必须指出,反应体系中 Mg^{2+} 有效浓度受到系统中酶螯合剂 EDTA 和高浓度的带负电荷离子基团如 dNTP 中的磷酸根的影响。因为它们可与 Mg^{2+} 结合从而降低 Mg^{2+} 的有效浓度。所以要按反应的不同条件,对 Mg^{2+} 浓度进行适当的调整。适宜的 Mg^{2+} 浓度应高于 dNTP 总浓度 0.5～2.5 mmol/L。当各种 dNTP 浓度为 0.2 mmol/L 时,建议 Mg^{2+} 的浓度为 1.5 mmol/L。Mg^{2+} 浓度过高,容易生成非特异性扩增产物,而浓度过低会使产量降低。一般用作模板的 DNA 应溶于 10 mmol/L Tris-HCl(pH 7.6)、0.1 mmol/L EDTA 中,如在 PCR 反应中用高浓度的 DNA 及 dNTP,则必须相应地调整 Mg^{2+} 浓度。

6. 循环参数　PCR 扩增是由变性、退火和延伸三个步骤反复循环而实现的。所谓循环参数是指循环中每一步骤的温度和时间以及循环次数。确定正确的循环参数是 PCR 成功的保证。

① 变性温度和时间:模板 DNA 的变性不完全,是 PCR 反应失败最常见的一个原因。在变性步骤中,使温度达到能使双链 DNA 完全分离的解链温度甚为重要。典型的变性条件是 95℃,30 秒。对 GC 含量多的靶 DNA 序列,宜用较高的变性温度。在解链温度下,DNA 的变性仅需几秒钟。若变性不充分,DNA 双链会很快恢复,PCR 产物就会明显减少。反之,过度变性也是不必要的。变性温度过高、时间过长,会加快酶的失活。原则上变性步骤应高温、短时,既要保证变性充分,又要保持聚合酶在整个反应中的活性。

② 引物退火:引物退火的温度和时间取决于引物的长度、碱基组成及其在反应体系中的浓度。一般退火温度低于扩增引物的溶解温度 5℃。对 GC 含量约 50%,长 20 个碱基的典型寡核苷酸引物而言,最适的退火温度为 55℃。在温度较高的条件下退火,可减少引物与模板的错配,提高 PCR 的特异性。在典型的 PCR 反应体系中,引物浓度为 0.2 μmol/L,在这一引物过量的条件下,退火可在瞬间完成。

③ 引物延伸:引物延伸是 DNA 聚合酶将脱氧单核苷酸逐一地加到引物的 3′-OH 末端,依据模板序列合成一条互补新链的过程。引物延伸温度取决于 DNA 聚合酶的最适温度。如用 Taq DNA 聚合酶,一般为 70～75℃,常用 72℃。在 72℃时,1 分钟延伸时间足以合成 2 kb 的序列。延伸步骤的时间取决于靶序列的长度、浓度和延伸温度。靶序列越长、浓度越低、延伸温度越低,则所需的

延伸时间越长;反之,靶序列越短、浓度越高、延伸温度越高,所需的延伸时间则越短。在相同的延伸温度下,循环早期因靶序列,即酶的底物浓度低,根据酶反应动力学,反应速度较慢,所以延伸时间就要长些。但是,在循环后期,当 PCR 产物的浓度超过酶的浓度(1 nmol/L)时,酶被底物饱和,为了增加酶的周转利用,延伸时间也要长些。一般而言,每1 000个碱基的序列,延伸时间 1 分钟便足够了。

三、循环次数

PCR 循环次数一般为 25~40 个周期,Mullis 认为如果必须用 40 次以上的循环才能扩增一个单拷贝基因,那么,该 PCR 反应一定存在一些严重的错误。在 PCR 各项参数都适宜的情况下,PCR 的适宜循环次数主要取决于模板 DNA 的起始浓度。常规 PCR 的循环次数为 30 次左右,循环次数过多,会增加非特异性产物的量及其复杂度;循环次数过少,会降低 PCR 产量。

四、PCR 技术应用

PCR 技术能在体外迅速地大量扩增 DNA 特异性片段。此技术不仅具有灵敏度高、特异性强、对原始材料质量要求低等特点,而且操作简便、容易掌握、便于推广,因此在医学、生物学及其相关学科中得到了广泛应用。PCR 技术在医学实践中的应用,提高了防病、治病的能力。由于 PCR 技术的性质,PCR 应用领域都直接或间接地与 DNA 分析、DNA 特异性片段检测有关。

1. DNA 片段序列改造 可以对 DNA 片段按特殊的要求进行序列改造。例如,在引物的 5′末端加上一段"添加序列"。虽然这段添加序列与模板 DNA 的碱基序列不互补,但由于引物延伸是从 3′端进行的,所以在大多数情况下并不影响 PCR 的特异性和扩增效率。经过 PCR 扩增,这些添加片段被安装到扩增产物中,由此对靶 DNA 片段的序列进行了改造,达到按特殊要求进行修饰的目的。

2. 制备探针 Northern 印迹技术等可以研究细胞内特定的 mRNA,分析基因的转录产物。而逆转录 PCR(RT-PCR)技术大大提高了细胞内 mRNA 检测的灵敏度,能检测低丰度的特定 mRNA 序列,因而也被用于基因表达的研究。在 PCR 反应体系中,如用标记的单核苷酸作为原料,则可制备大量特异性双链 DNA 探针;如用不对称 PCR 扩增,可制备单链 DNA 探针。当从基因组 DNA 中用 PCR 技术扩增特定序列时,如在引物的 5′端加入噬菌体 SP6 和 T7 RNA 聚合酶启动子序列,扩增产物则可用于制备 cRNA 探针。

3. 病原体检测 PCR 技术开始主要用于病毒的检测(如 HIV-1、HIV-2 等病毒),后来逐渐扩展到细菌、原虫、真菌、立克次体、衣原体和支原体等微生物。

尤其是对那些难以培养的病原体及受染细胞很少的潜伏病毒感染，PCR 技术的应用就更有意义。国内已有乙型肝炎病毒、丙型肝炎病毒、人类巨细胞病毒、结核杆菌、淋球菌、乳头状瘤病毒、沙眼衣原体和单纯疱疹病毒，以及新型冠状病毒 SARS-CoV-2 等 PCR 诊断试剂盒生产、出售。PCR 诊断时，一般可选择病原体基因中的保守区作为扩增片段，但也可选择同一病原体基因中变异较大的部位做靶基因，以进行分型检测。

4. 基因病诊断　PCR 技术在基因疾病诊断上的应用主要通过：① 对扩增产物用斑点杂交或限制性核酸内切酶酶解方法确定已知的点突变；② 对扩增产物直接测序来发现已知或未知的突变；③ 用特定引物获得不同大小的扩增产物来进行分析，或不能进行特异性扩增来发现异常缺失；④ 进行 DNA 多态性连锁分析来间接诊断致病突变。PCR 技术已被成功地用于镰状红细胞性贫血、Duchenne 型肌营养不良症、甲型和乙型血友病、囊性纤维变性、Huntington 病、神经纤维瘤和多囊肾等基因病的诊断。在这些遗传性或有遗传倾向的疾病中，由于重要的 DNA 序列是已知的，所以 PCR 技术在产前诊断、症发前诊断及携带者的发现等方面，具有重要的价值。

5. 肿瘤研究　PCR 技术可用于肿瘤细胞染色体异常的研究。例如，慢性粒细胞性白血病出现异常的费城染色体（Philadelphia chromosome），此种染色体移位发生于 9 号和 22 号单色体之间，使 *abl* 和 *bcr* 基因融合，产生异常的 *bcr-abl* 转录本，PCR 技术即可鉴定这类与肿瘤染色体移位相关的异常转录本。PCR 技术还用于体细胞中肿瘤基因和肿瘤抑制基因突变的研究，能快速而灵敏地确定含 *ras* 突变基因及 *p*53 突变基因的个体。PCR 技术也广泛地用于检测 RNA 或 DNA 肿瘤病毒，如与伯基特淋巴瘤（Burkitt lymphoma）、鼻咽癌有关的 EB 病毒（Epstein-Barr virus），与 T 细胞白血病有关的 T 细胞白血病毒，与肝细胞癌有关的乙型肝炎病毒和与宫颈癌有关的人乳头瘤病毒（HPV）。

6. 其他领域　除上述应用领域外，PCR 技术还可用于与 DNA 分析有联系的遗传图谱的构建、生物进化研究、器官移植的组织类型鉴定等领域。PCR 也被用来检测转基因动植物中的植入基因。在法医生物鉴定方面，PCR 能从一根头发、一个二倍体细胞，甚至一个精子构建小型 DNA 指纹图谱，用于个体识别和亲子鉴定。

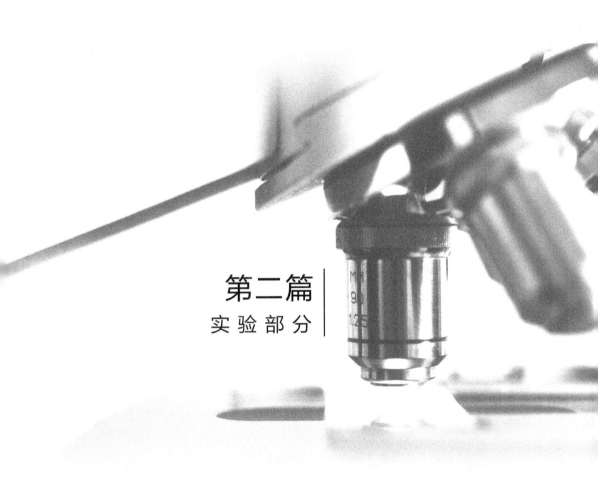

第二篇

实验部分

第九章

蛋白质和酶的分离分析技术

实验 1 蛋白质的盐析及透析

【原理】

盐析：

蛋白质是亲水胶体，借水化层和同性电荷，维持胶态的稳定。向蛋白质溶液中加入某种碱金属或碱土金属的中性盐类，如$(NH_4)_2SO_4$、Na_2SO_4、$NaCl$ 或 $MgSO_4$ 等，则发生电荷中和现象（失去电荷），当这些盐类的浓度足够大时，蛋白质胶粒脱水而沉淀，称为盐析。

由盐析所得的蛋白质沉淀，如经透析或水稀释降低盐类浓度后，能再溶解并保持其原有分子结构，同时仍具有生物活性，因此，盐析是可逆性沉淀。各种蛋白质分子颗粒大小、亲水程度不同，故盐析所需的盐浓度也不一样，调节蛋白质混合溶液中的中性盐浓度，可使各种蛋白质分段沉淀。如球蛋白在半饱和 $(NH_4)_2SO_4$ 溶液中析出，而白蛋白则需在饱和 $(NH_4)_2SO_4$ 溶液中才能沉淀。盐析是蛋白质分离纯化过程中的常用方法。

透析：

蛋白质的相对分子质量很大，颗粒的大小已达胶体颗粒范围（φ 1～100 nm），因此不能通过半透膜。

透析就是选用适当孔径的半透膜，使小分子物质透过此膜，而胶体颗粒则不能透过，用以分离胶体物质和小分子物质的方法。此技术常用于蛋白质的纯化。

【试剂】

1. 动物血清或血浆（卵清也可用）。

2. 饱和$(NH_4)_2SO_4$ 溶液。

3. $(NH_4)_2SO_4$ 粉末。

4. 0.9%NaCl。

5. 奈氏试剂贮存液：取碘化钾 150 g 于 500 ml 三角烧瓶中，加入蒸馏水

100 ml,溶解后加碘 110 g 溶解,再加汞 140～150 g,用力振荡 10 分钟(产高热),随即将三角烧瓶浸入冷水中继续振荡,直至棕红色碘转变为带绿色的碘化钾汞为止,将上清液倒入 2 000 ml 容量瓶,蒸馏水定容至 2 000 ml。

应用液:贮存液 150 ml,加 10%NaOH 700 ml,用蒸馏水定容至 1 000 ml,静置数日,取上清液存于橡皮塞的棕色瓶中备用。

6. 20%NaOH。

7. 0.1%$CuSO_4$。

【器材】

离心管　离心机　玻璃纸　移液器　烧杯　玻棒

【操作】

1. 盐析

于洁净离心管中,加入血清或血浆 1 ml,滴加饱和$(NH_4)_2SO_4$ 1 ml,用小玻棒搅匀,此时球蛋白沉淀。放置 5 分钟后离心(3 000 rpm)10 分钟,上清液移入另一离心管中,分次少量加入固体$(NH_4)_2SO_4$,用玻棒搅拌至有少量$(NH_4)_2SO_4$ 不再溶解为止,此时白蛋白在饱和$(NH_4)_2SO_4$ 溶液中析出。加 1% HCl 1～2 滴,混匀放置 5 分钟后,再离心 10 分钟,将上清液转移至试管中,沉淀即为白蛋白。

2. 透析

(1) 取 120 mm×120 mm 玻璃纸一张,仔细折叠成袋状,用玻璃丝或白色丝线扎其一端,加少量水,检查是否漏水,然后将水倒去备用。

(2) 向上面制备得到的白蛋白沉淀中加水 3 ml,用玻棒搅拌(观察沉淀是否重新溶解),装入透析袋中,扎紧另一端,将透析袋放入装有 50 ml 水的小烧杯中,使袋内外的液面处于同一水面上,透析 15 分钟,此时盐类可通过半透膜进入水中。

3. 检查

(1) 取试管 2 支,一支加水 10 滴,另一支加袋外液 10 滴,两管各加奈氏试剂 2 滴,摇匀,有黄色或有黄褐色沉淀生成,表示有铵盐存在。

(2) 取试管三支并编号,1 号管加饱和$(NH_4)_2SO_4$ 上清液 10 滴,2 号管加袋外液 10 滴,3 号管加袋内液 10 滴,各加 20%NaOH 10 滴,混匀,再分别逐滴加 0.1%$CuSO_4$ 3～5 滴,混匀,有紫红色出现,表示有蛋白存在(铵盐存在对双缩脲反应有一定的干扰,定量实验时,必须除去铵盐)。

【注】　蛋白质溶液用透析法去盐时,正负离子透过半透膜的速度不同。以$(NH_4)_2SO_4$ 为例,NH_4^+ 的透出较快,在透析过程中膜内 SO_4^{2-} 剩余而生成 H_2SO_4 使膜内蛋白质溶液呈酸性,足以达到使蛋白质变性的酸度。因此在用盐析法纯化蛋白质作透析去盐时,开始应用 0.1 mol/L NH_4OH 或缓冲液透析。

实验 2 凝胶过滤法分离血红蛋白与鱼精蛋白

【原理】

根据血红蛋白(MW 65 500)和鱼精蛋白(MW 200~12 000)的相对分子质量不同,经过葡聚糖凝胶 G-50 层析法,以 0.9% NaCl 为洗脱剂,控制一定流速,分段收集洗脱液,观察血红蛋白和鱼精蛋白的分离情况(相对分子质量大的血红蛋白先流出,鱼精蛋白后流出)。

【试剂】

1. 葡聚糖凝胶 G-50。

2. 鱼精蛋白。

3. 0.9% NaCl。

4. 10%碳酸氢钠。

5. 2,4-二硝基氟苯。

6. 95%乙醇。

7. 草酸钾抗凝血。

【器材】

内径 0.8~1.5 cm、长度 17~20 cm 层析柱

层析柱支架(可用滴定管架)

离心管 滴管 离心机 水浴锅

【操作】

1. 凝胶的制备及装柱 称取 3 g 葡聚糖凝胶 G-50,置于三角烧瓶内,加蒸馏水 90 ml,于沸水浴中煮沸 1 小时(如在室温溶胀,需放置 3 小时以上),取出,待冷却至室温,即可装柱。

装柱时,固定在支架上的层析柱应保持垂直。关闭层析柱管出口的夹子,自顶部徐徐加入葡聚糖 G-50 悬液,待底部凝胶沉积 1~2 cm 时,拧松打开出口夹子,控制流速在 1 ml/min 左右,然后逐步加完葡聚糖凝胶 G-50 悬液。操作过程中应防止气泡与分层,柱床表面要平整,不使柱表面干燥,表面应保留 0.5 cm 左右高度的洗脱液。

2. 样品制备

(1) 血红蛋白的制备:取草酸钾抗凝血 1 ml 于离心管中离心(3 000 rpm)5 分钟,弃去上层血浆,加 10 ml 0.9%的氯化钠与血细胞充分混匀,再离心,并弃去上清液,再加 0.9%的氯化钠,如此反复洗涤血细胞 2~3 次。然后,用 5 倍

体积蒸馏水裂解血细胞,并用滤纸过滤或用离心法除去细胞碎片,即为血红蛋白稀释液。

(2) 二硝基苯-鱼精蛋白(DNP-鱼精蛋白)制备:称取鱼精蛋白 0.15 g 置于中号试管中,加入 10%碳酸氢钠 1.5 ml 使其溶解(此时蛋白溶液 pH 应在 8.5～9.0)。另取 2,4-二硝基氟苯 0.15 g,置小烧杯中,加 30 ml 95%乙醇,在水浴上微微加热待其完全溶解后,立即倾入上述鱼精蛋白溶液,置沸水浴中 5 分钟,冷却后,加 2 倍体积的 95%乙醇,可见黄色 DNP-鱼精蛋白沉淀,离心(3 000 rpm) 5 分钟,弃去上清液,沉淀再加 95%乙醇洗 2 次,所得沉淀用 1 ml 0.9%NaCl 溶解,即为 DNP-鱼精蛋白溶液。

(3) 血红蛋白与 DNP-鱼精蛋白混合液:血红蛋白稀释液 3 滴加 DNP-鱼精蛋白溶液 3 滴,混合即成为实验时的样品。

3. 加样 先将层析柱下端出口的夹子拧松,使床面的液体慢慢流出,直到床面正好露出(切不可使床面干燥),关紧流出口,用滴管吸取样品缓缓地沿层析柱内壁小心地加于床面(注意尽量不扰动床面),然后打开流出口,使样品进入床内,直到床面正好重新露出时,立即滴加 0.9%NaCl,按约 1 ml/min 的流速洗脱,同时依次分段收集洗脱液(每分钟一管约 1 ml)。

4. 观察结果 记录血红蛋白与 DNP-鱼精蛋白在层析柱床的色带位置及洗脱次序。

【注】

(1) 在层析柱上可看到红、黄两条色带(血红蛋白为红色,DNP-鱼精蛋白为黄色),洗脱收集到的红、黄两种溶液,不需要特殊仪器就可判断凝胶层析的作用。

(2) 葡聚糖凝胶 G-50 装柱时,不能有气泡和分层现象,加样时不能搅动床面,否则分离色带不整齐,会出现拖尾现象。

(3) DNP-鱼精蛋白制备比较复杂,可用小分子核黄素代替。

实验3 醋酸纤维薄膜电泳法分离血清蛋白

【原理】

带电荷的蛋白质,在电场中向着与其所带电荷电性相反的电极泳动的现象称为电泳。血清中各种蛋白质的等电点不同,但大都在 pH 5 左右,若将血清置于 pH 8.6 的缓冲液中,则这些蛋白质均带负电,在电场中都向正极移动。由于各种蛋白质在同一 pH 环境中所带负电荷多少及分子大小不同,所以在电场中向正极泳动速度也不同。蛋白质分子小而带电荷多者,泳动速度快;反之,则泳动速度慢。因此可将血清蛋白质依次分为白蛋白、α_1 球蛋白、α_2 球蛋白、β 球蛋白和 γ 球蛋白五条区带(血浆则多一条纤维蛋白原区带)。

醋酸纤维素是指纤维素的羟基乙酰化形成的纤维素醋酸酯,由该物质制成的薄膜称为醋酸纤维薄膜。它具有电渗小、分离速度快、分离清晰、血清用量少及操作简便等优点,现已广泛用于血清蛋白、血红蛋白、糖蛋白、脂蛋白和同工酶等的分离和测定。

【器材】

电泳仪 电泳槽 醋酸纤维纤薄膜 染色缸 滤纸 镊子 点样器 直尺 铅笔 剪刀等

【试剂】

1. 巴比妥-巴比妥钠缓冲液(pH 8.6,离子强度 0.06) 巴比妥 2.21 g,巴比妥钠 12.36 g,溶于 500 ml 蒸馏水中,加热溶解。待冷至室温后,再加蒸馏水稀释至 1 000 ml。

2. 染色液 称取氨基黑 10 B 0.5 g,加入甲醇 50 ml,冰醋酸 10 ml,蒸馏水40 ml,等氨基黑 10 B 溶解后,用滤纸或棉花过滤即可使用。

3. 漂洗液 95％乙醇 45 ml,冰醋酸 5 ml,蒸馏水 5 ml(漂洗液的醇、酸、水比例可根据纤维质量适当调整)。

【操作】

1. 准备 将薄膜切成 8 cm×2 cm 大小(或根据所需大小),在薄膜的无光泽面,距膜端约 1.5 cm 处,用铅笔轻划一直线作为点样线。然后将此薄膜置于巴比妥缓冲液中浸泡,待充分浸透(即膜条无白斑后)取出,用洁净滤纸轻轻吸去表面的多余缓冲液,使无光泽面向上,置电泳槽的支架上。

2. 点样 用点样器取血清加在点样线上,每条薄膜加血清 1.5～2 μl 为宜,待血清渗入纤维素膜,盖上盖子静置 10 分钟。点样时应注意适量、均匀和垂直,并避免弄破薄膜。

3. 电泳 一般电压为 120～160 V,电流约 0.4～0.6 mA/cm,通电时间 40～50分钟,待电泳区带展开约 3.5 cm 时,关闭电源。

4. 染色 小心取出薄膜,直接浸于染色液中,3～5 分钟后取出(以白蛋白区带染透为止)。然后在漂洗液中连续浸洗数次,脱色至背景无色为止。取出漂洗干净的薄膜并贴在玻璃上,置80℃烘箱中烘干,取出冷至室温,用刀片轻轻将薄膜揭下,可见五条蛋白色带。从正极端起依次为白蛋白、α_1 球蛋白、α_2 球蛋白、β 球蛋白和 γ 球蛋白。

血清蛋白醋纤薄膜电泳的参考正常值为:

白蛋白	62％～71％
α_1 球蛋白	3％～4％
α_2 球蛋白	6％～10％
β 球蛋白	7％～11％
γ 球蛋白	9％～18％

【注】

(1) 保持薄膜清洁,勿用手指接触薄膜表面,以免沾上油污或污物,影响电泳。

(2) 电泳槽里的缓冲液要保持清洁(几天滤过一次),两极溶液要经常交替使用,最好将连接正负极的线路调换使用。

(3) 电泳槽两边的缓冲液的液面应保持在同一水平上。

(4) 加样时要均匀,以免影响蛋白质区带图谱的完美。

(5) 电泳速度、时间长短与缓冲液的离子强度、电流、电压都有一定的关系。离子强度较低时,电泳速度快,可缩短时间,但各蛋白质之间分离不清晰;离子强度较高时,α_1 球蛋白与白蛋白分离较好,但电泳时间长。电压高,电流大,电泳速度加快,时间可缩短,但薄膜上蒸发严重,因此,不能无限增大电流电压。

(6) 通电完毕取薄膜时,必须切断电源,以防触电事故。

(7) 血清标本要新鲜,不可溶血,否则电泳图谱将分离不清或混入血红蛋白造成结果不准。

实验4 聚丙烯酰胺凝胶板状电泳法分离血清蛋白

【原理】

聚丙烯酰胺凝胶是由丙烯酰胺(Acr)和交联剂甲叉双丙烯酰胺(Bis)在催化剂的作用下,聚合交联而成的含有酰胺基侧链的脂肪族大分子化合物,具有三维网状结构、能起到分子筛作用。用它做电泳支持物,对样品的分离不仅取决于各组分所带电荷的多少,也与分子大小有关。此外,凝胶电泳还有一种独特的浓缩效应,即电泳开始阶段,由于不连续的电势作用,将样品压缩成一条窄区带,从而提高了分离效果。

聚丙烯酰胺凝胶电泳(polyacrylamide gel electrophoresis,PAGE)的分辨率比纸电泳高得多,能检出 $10^{-12} \sim 10^{-9}$ g样品,特别适用于生物大分子的测定。除了能定性、定量分析,还可以测定相对分子质量,是常用的测定相对分子质量的方法。

【器材】

平板电泳槽 电泳仪

【试剂】

1. 5×PAGE 电泳缓冲液(pH 8.3)

贮存液:三羟甲基氨基甲烷(Tris)15.1 g,甘氨酸 94 g,10% SDS 50 ml,加水定容至 1 000 ml。

应用液:取上述贮存液用蒸馏水稀释5倍。

2. 1 mol/L Tris-HCl 溶液(pH 8.8) 将 Tris 12.1 g 溶于少量水中,然后加入1 mol/L HCl 调至 pH 8.8,加水定容至 100 ml。

3. 1 mol/L Tris-HCl 溶液(pH 6.8) 将 Tris 12.1 g 溶于少量水中,然后加入1 mol/L HCl 调至 pH 6.8,加水定容至 100 ml。

4. 30%丙烯酰胺贮存液 丙烯酰胺 29 g,甲叉双丙烯酰胺 1 g,加水至100 ml。先溶解甲叉双丙烯酰胺,再加入丙烯酰胺,定容后需过滤除去不溶物。4℃贮存,可用1~2 个月。

5. 10%过硫酸铵溶液 1 g 过硫酸铵溶于水中至 10 ml,4℃贮存不得超过一周。

6. 10% SDS。

7. 考马斯亮蓝(R250)染色液 考马斯亮蓝 0.25 g,甲醇 45 ml,冰醋酸10 ml,加水定容至 100 ml,充分溶解,过滤备用。

8. 脱色液　水∶甲醇∶冰醋酸＝60∶30∶10。

9. 4×加样缓冲液　1 mol/L Tris-HCl（pH 6.8）2.0 ml, 0.8 g SDS 粉末, 0.004 g 溴酚蓝, 4 ml 甘油, 0.4 ml β-巯基乙醇, 定容至 10 ml, 置于 4℃。

【操作】

1. 取 10 cm×8 cm 洁净玻璃两块（其中一块为凹型, 另一块带有 1 mm 厚的垫条）, 用制胶板支架固定好, 垂直放置。

2. 制备分离胶（12%）, 按以下配方, 制备下层胶, 混匀后倒入制胶板中, 注意留出灌注上层胶所需的空间（梳齿长加 1 cm）, 小心在胶面覆盖一层水。将胶板垂直置于室温下聚合：

dH₂O　3.3 ml

30%丙烯酰胺　4.0 ml

1.0 mol/L Tris-HCl(pH 8.8)　2.5 ml

10% SDS　0.1 ml

10%过硫酸铵　0.1 ml

TEMED　0.005 ml

混匀后, 立即用移液器沿凹口玻璃面将分离胶加入两层玻璃之间, 加至距上凹面 2.0 cm 处。然后, 用注射器沿玻璃面缓慢注入无离子水, 约 0.5 cm 高, 静止聚合 15 分钟。待聚合后, 倒出水并用滤纸片吸干, 加浓缩胶。

3. 制备浓缩胶（5%）　将以下配方混匀后, 在已聚合的分离胶上灌注上层胶, 立即插入样品梳, 避免气泡产生, 将胶置室温下聚合。

dH₂O　3.4 ml

30%丙烯酰胺　0.85 ml

1.0 mol/L Tris-HCl(pH 6.8)　0.625 ml

10% SDS　0.05 ml

10%过硫酸铵　0.05 ml

TEMED　0.005 ml

4. 聚合完全后, 移出样品梳, 用去离子水冲洗加样孔, 取出垫条, 将凝胶板固定于电泳槽, 加入 1×PAGE 缓冲液。

5. 将血清与 4×加样缓冲液按比例混合, 沸水浴 5 分钟, 室温离心（5 000 rpm）1 分钟, 取上清 10～15 μl 加入样品孔中。蛋白相对分子质量标准按商家说明使用, 沸水浴 5 分钟后使用。

6. 接通电源, 电压 100 V, 电泳约 2.5 小时, 溴酚蓝移至凝胶底部。

7. 断电, 取出凝胶, 置染色液中染色 30 分钟。

8. 凝胶转至脱色液中, 脱色过夜。

【注】

（1）丙烯酰胺、甲叉双丙烯酰胺都是神经毒剂，对皮肤有刺激作用，使用时应避免直接接触，可戴医用乳胶手套操作。

（2）如丙烯酰胺不纯，可按下法重结晶：90 g 丙烯酰胺溶于 500 ml 50℃的氯仿中，热滤，滤液慢慢降温，即有结晶析出，砂芯漏斗过滤，收集结晶。按同法再结晶一次。结晶于室温中放置，去除氯仿（约得 50 g），并贮于棕色瓶内，干燥低温（4℃）保存。

（3）如甲叉双丙烯酰胺不纯，可按下法重结晶：12 g 甲叉双丙烯酰胺溶于 1 000 ml 40～50℃的丙酮中，热滤，滤液慢慢降温至-20℃，即有结晶析出，砂芯漏斗过滤，收集结晶。用冷丙酮洗数次，真空干燥，贮棕色瓶内，干燥低温（4℃）保存。

实验 5　蛋白定量法

蛋白质的定量分析对蛋白质的分离、纯化、结构和功能研究十分必要,同时也是临床检验、食品工业、营养卫生等方面常涉及的分析方法。

蛋白质的种类很多、数量很大,分子组成及结构不均一,相对分子质量相差也很大,且功能各异,因此给蛋白质定量测定方法的建立带来了许多困难。

下面根据蛋白质的性质,列出一些蛋白质定量测定方法。

分类
{
物理性质:紫外分光光度法、折射率法、比浊法
化学性质:凯氏定氮、双缩脲反应、Folin-酚法、BCA 法
染色性质:考马斯亮蓝 G-250、银染、金染
其他:荧光激发
}

在这些方法中,凯氏定氮法是较早发现的方法,现在虽然已较少使用,但它具有特有的准确性,并能够分析一些用其他方法不能测定的不溶性物质。目前,紫外分光光度法、双缩脲法、Folin-酚法(Lowry 法)、考马斯亮蓝 G - 250 法最常用,BCA 法是一种较新的方法。虽然蛋白质定量测定方法较多,但各种方法各有其优点和局限性。某种方法在特定的实验条件下,显示出优点,但在另一些条件下可能暴露其缺点。因而,有必要了解各种方法的特点,并根据不同情况、实验要求,选用适当的方法;同时应采用与待测蛋白质组成相同或类似的标准蛋白质作对照,以求达到准确测定的目的(表 9-1)。

表 9 - 1

方法	测定范围 (μg/ml)	不同蛋白 之间差异	最大吸收 波长(nm)	特点
凯氏 定氮法	200~3 000 (固体)	小		准确、可直接对固相分析; 方法繁琐、技术要求高
双缩脲	1 000~10 000	小	540	重复性、线性关系好,灵敏 度差、测定范围窄
Lowry 法	5~100	大	650	灵敏、费时长、干扰因素多
紫外分光 光度法	100~1 000	小	280	灵敏、快速、不消耗样品,核 酸类物质有影响、半定量
考马斯亮 蓝 G-250	20~100	大	595	灵敏、简便、误差较大、颜色 易转

一、凯氏定氮法

凯氏定氮法于 1883 年由丹麦化学家凯道尔建立,后又几经修改。此方法的理论基础是蛋白质中的含氮量通常占其总重量的 16% 左右(12%～19%),因此通过测定物质中的含氮量便可计算出物质中的总蛋白质含量(假设测定物质中的氮全来自蛋白质),即

$$\frac{含氮量}{总重量} = 16\%,则$$

$$总重(蛋白质含量)=含氮量÷16\%=含氮量×6.25$$

【原理】

将含氮有机化合物与浓硫酸一同加热(该过程称为"消化"),则含氮有机物被破坏,其中的氮即分解成氨,氨与浓硫酸化合生成硫酸铵。分解反应进行很慢,通常用硒或硫酸铜催化反应,亦可用硫酸钾以提高消化液的沸点,消化完成以后,用强碱碱化消化液使硫酸铵分解而放出氨,借蒸汽蒸馏,将氨蒸入硼酸溶液中,氨与硼酸溶液中氢离子结合生成铵离子,使溶液中氢离子浓度降低,然后再用已知强酸滴定直至恢复溶液中原来的氢离子浓度为止。从强酸的当量浓度和用量,可算出氮的含量,反应式如下:

消化:含氮化合物 $+ H_2SO_4 \longrightarrow (NH_4)_2SO_4$

蒸馏:$(NH_4)_2SO_4 + 2NaOH \longrightarrow 2NH_4OH + Na_2SO_4$

$\quad\quad NH_4OH + H_3BO_3 \longrightarrow (NH_4)H_2BO_3 + H_2O$

$\quad\quad (NH_4)H_2BO_3 \xrightarrow{NH_3} (NH_4)_2HBO_3 \xrightarrow{NH_3} (NH_4)_3BO_3$

滴定:$(NH_4)_3BO_3 + 3HCl \longrightarrow H_3BO_3 + 3NH_4Cl$

【器材】

冷凝管　电炉　蒸气发生器　消化管

【试剂】

1. 0.5%蛋白液　常用 0.5%酪蛋白液。称取酪蛋白 2.5 g,加蒸馏水约 200 ml 使其溶解,再加 50 ml 1 mol/L NaOH 溶解之,再慢慢加入 50 ml 1 mol/L 醋酸液,边加边摇,最后用水稀释至 500 ml。

2. 0.01 mol/L 盐酸的配制及校准　量取 HCl(比重 1.19,37%)8.4 ml,置于烧杯中加水稀释,然后倒入 1 000 ml 容量瓶中加水至刻度,混匀后用准确配制的 0.05 mol/L Na_2CO_3 滴定纠正,吸取上述 HCl 溶液准确稀释至 0.01 mol/L,备用。

3. 0.05 mol/L Na_2CO_3 制备及 HCl 溶液的滴定:取无水 Na_2CO_3 于瓷坩埚内,置于干燥箱内,108℃干燥 2～3 小时,冷却后,准确称 Na_2CO_3 0.53 g,小

心用少量水洗入 100 ml 的容量瓶中,再加水至刻度,充分混匀。然后正确取此溶液 20 ml 两份,分别置于 150 ml 的三角烧瓶中,加甲基橙指示剂 2 滴,用 HCl 溶液滴定溶液至黄色为止,记下读数,以计算校正 HCl 的浓度。

4. 硒 H_2SO_4　取化学纯以上浓 H_2SO_4 100 ml,加入 300 mg 硒粉。

5. 混合指示剂　10 ml 0.1％溴甲酚绿酒精溶液,加 4 ml 0.1％甲基红酒精溶液。

6. 30％ NaOH 溶液。

7. 2％硼酸。

【操作】

1. 消化　取消化管 2 支,按表 9-2 进行操作:

表 9-2

管号	0.5％蛋白液	蒸馏水	硒硫酸	小玻珠
测定管	1.0 ml	—	1.0 ml	1个
空白管	—	1.0 ml	1.0 ml	1个

将消化管斜装于消化架上,在电炉上缓慢加热至沸腾。最初有水汽产生,后来又出现白烟,调节消化管与电源的距离使沸腾时产生的白烟虽然充满全管又不致大量逸出管外(可在管口插一玻璃漏斗)。溶液先发黑,然后变为无色,继续分解 2 分钟,关闭电炉,待消化管自然冷却后,各加蒸馏水 2 ml,然后将消化管中的溶液分别进行氨蒸馏和滴定。

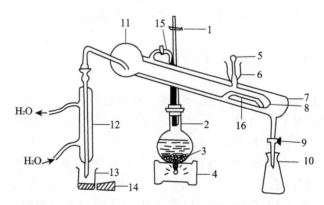

1. 螺旋夹;2. 蒸汽发生器;3. 玻璃珠;4. 电炉;5. 加液漏斗塞;
6. 加液漏斗;7. 外管;8. 内管;9. 螺旋夹;10. 废液收集器;11. 防溅头;12. 冷凝管;13. 盛吸收液烧杯;14. 木垫;15. 蒸汽输入管;
16. 蒸汽入口与虹吸管

图 9-1　凯氏定氮装置

2. 氨蒸馏　先按图 9-1 装好蒸馏器,然后进行蒸馏:

(1) 先关闭螺旋夹"1"和"9",用蒸汽冲洗仪器 10~30 分钟,然后关闭电炉,待内管"8"中的水流至外管"7",再打开螺旋夹"1"和"9"。

(2) 将消化液加至漏斗"6"中,提起塞子"5",使溶液流入内管"8"中。再用新鲜蒸馏水冲洗消化管两次,每次 1 ml,一并加至漏斗"6"中,流入内管"8"中。

(3) 吸取 2％硼酸 5.0 ml,加入洁净的烧杯中,再加混合指示剂 4 滴。用木块和其他适合的物品垫高烧杯,使液面高过冷凝管的末端。

(4) 用量筒取 30％NaOH 9 ml,倒入漏斗"6"中,提起塞子"5",使大部分碱液流到内管"8"中,漏斗中存留少量碱液。

(5) 开启电炉,使水沸腾,再关闭夹子"1"和"9"。在蒸馏过程中,随时小心地开启夹子"9",放出凝集在外管"7"中的液体,待硼酸溶液变为蓝绿色后再继续蒸馏 6 分钟,放低烧杯(移去一部分木垫),使冷凝管不再与溶液相接触,继续蒸馏 1 分钟,并用少量蒸馏水冲洗冷凝管的末端,洗液流至烧杯中(如不立即进行滴定,应加盖)。

(6) 加蒸馏水 5 ml 至漏斗"6"中,关闭电炉,内管"8"中的溶液回吸到外管"7"中,立刻打开螺旋夹"9",溶液从外管"7"流完,立即关闭夹子"9",迅速提起塞子"5",使漏斗中的水流入内管"8"中,然后再虹吸于"7"中,打开螺旋夹"9"洗涤液由外管"7"流出后再关闭夹子。立即以同样步骤,用 5 ml 蒸馏水由漏斗"6"加入,再冲洗内管"8"两次,这样仪器就可以准备作下次蒸馏用(不需要再用蒸汽冲洗)。

(7) 空白试验:用蒸馏水代替样品,操作步骤与上述测定样品的完全一样。测定氮的过程中,所加入的一切试剂难免混入含氮物质,为了排除干扰,提高测定的准确度,反映样品中真实的含氮量,一般先做空白试验。

3. 滴定　用 0.01 mol/L 盐酸或硫酸由 10 ml 微量滴定管滴定烧杯中的溶液,在终点时指示剂突然由蓝绿色变成淡紫色(如果酸滴入过量指示剂为红色)。

【计算】

$$\frac{[A-B] \times 0.01 \times 14.008}{1\,000} \times \frac{100}{0.005} = 蛋白质含量(g\%)$$

式中,A=滴定样品放出的氨量所用盐酸的毫升数;B=滴定空白用去盐酸的毫升数;0.01 为盐酸的摩尔浓度;14.008 为氮的原子量;0.005 为所用样品的克数。

二、紫外分光光度法

【原理】

蛋白质对 280 nm 的紫外线有最大吸收,这是因为含有酪氨酸及色氨酸的缘故,蛋白质溶液的 280 nm 吸收值与其浓度成正比,可作定量测定。

【器材】

移液器　试管　紫外分光光度计

【试剂】

1. 蛋白标准液(1 mg/ml 蛋白质)　可用凯氏定氮测定蛋白液的蛋白量,再按需要的浓度配制。

2. 未知浓度蛋白质溶液　用酪蛋白配制,浓度控制在 1.0～2.5 mg/ml 范围内。

【操作】

1. 标准曲线的绘制　取 8 支干净试管,按表 9-3 编号并加入试剂。

表 9-3

试剂	0	1	2	3	4	5	6	7
蛋白标准液(ml)	0	0.5	1.0	1.5	2.0	2.5	3.0	4.0
蒸馏水(ml)	4.0	3.5	3.0	2.5	2.0	1.5	1.0	0.0
蛋白浓度(mg/ml)	0	0.125	0.250	0.375	0.500	0.625	0.750	1.000
A_{280}								

加样完毕后,混匀,用紫外分光光度计在 280 nm 处测定吸光度,填在表中,并以吸光度为纵坐标,蛋白浓度为横坐标作图即为标准曲线。

2. 未知浓度蛋白溶液的测定　取未知浓度的蛋白液 1.0 ml,加蒸馏水 3.0 ml,混匀,测定吸光度,对照标准曲线求得蛋白浓度。

三、福林-酚试剂法(Lowry 法)

【原理】

福林-酚试剂的显色包括两步反应:第一步是在碱性条件下,蛋白质与铜作用生成蛋白质-铜复合物;第二步是蛋白质-铜复合物还原磷钼酸、磷钨酸试剂,生成蓝色物质,在一定条件下,蓝色强度与蛋白质的量成正比。

福林-酚试剂法是生化工作领域里应用广泛的一种蛋白质浓度测定方法。它的优点是操作简便,灵敏度高,可测定范围是 25～250 $\mu g/ml$;缺点是该试剂只与蛋白质中的酪氨酸、色氨酸起反应。因此本方法受蛋白质特异性的影响,即不同蛋白质因酪氨酸、色氨酸含量不同而使显色强度稍有不同,标准曲线也不是严格的直线形式。

【器材】

试管　移液器　722 或 721 型分光光度计

【试剂】

1. 标准蛋白液　称取结晶牛血清白蛋白 2.5 mg 溶解于 10 ml 蒸馏水中，即成 250 μg/ml。

2. 试剂甲

(A) 10 g 碳酸钠，2 g 氢氧化钠和 0.25 g 酒石酸溶解于 500 ml 蒸馏水中；

(B) 0.5 g 硫酸铜（$CuSO_4 \cdot 5H_2O$）溶解于 100 ml 蒸馏水中；

每次使用前将(A)50 份与(B)1 份混合，即为试剂甲。

3. 试剂乙　在 1.5 L 容积的磨口回流瓶中加入 100 g 钨酸钠（$Na_2WO_4 \cdot 2H_2O$），25 g 钼酸钠（$NaMoO_4 \cdot 2H_2O$）及 700 ml 蒸馏水，再加 50 ml 85% 磷酸，100 ml 浓盐酸充分混合，直接回流冷凝管以小火回流 10 小时。回流结束后，加入 150 g 硫酸锂，50 ml 蒸馏水及数滴液体溴，开口继续沸腾 15 分钟，去除过量的溴，冷却后溶液呈黄色，微带绿色（如仍呈绿色，须再重复滴加液体溴的步骤），稀释至 1 L，过滤，滤液置于棕色试剂瓶中保存。使用标准氢氧化钠滴定，以酚酞为指示剂，然后适当稀释（约加水 1 倍）使最终浓度为 1 mol/L。

【操作】

1. 标准曲线的绘制　取 6 支干净试管，按表 9-4 编号并加入试剂。

表 9-4

试剂	1	2	3	4	5	6
标准蛋白溶液(ml)	0	0.2	0.4	0.6	0.8	1.0
蒸馏水(ml)	1.0	0.8	0.6	0.4	0.2	0
试剂甲(ml)	5	5	5	5	5	5
摇匀，室温放置 10 分钟						
试剂乙(ml)	0.5	0.5	0.5	0.5	0.5	0.5

立即混合均匀（这一步混合速度要快，否则会使显色程度减弱），30 分钟后以 1 号管为空白管，在分光光度计中（650 nm）测定各管吸光度。以蛋白含量（μg）为横坐标，吸光度为纵坐标作标准曲线。

2. 样品测定　取待测样品溶液 1 ml（根据需要适当稀释至含 25～250 μg 蛋白质），加试剂甲、乙，比色操作步骤同标准曲线操作。

由待测样品的吸光度，查标准曲线，求得蛋白质含量乘以稀释倍数，即得样品的蛋白质含量。

四、考马斯(Coomassie)亮蓝结合法

考马斯亮蓝结合法是近年来发展起来的蛋白质定量测定法，具有操作简便、快速、干扰因素少等特点。

【原理】

考马斯亮蓝能与蛋白质的疏水微区结合,这种结合具有高敏感性,考马斯亮蓝 G - 250 的最大吸收峰在 465 nm,当它与蛋白质结合形成复合物时,其最大光吸收改变为 595 nm。考马斯亮蓝 G - 250 蛋白质复合物的高消光效应导致了蛋白质定量测定的高敏感度。

在一定范围内,考马斯亮蓝 G - 250 蛋白质复合物呈色后,在 595 nm 的吸光度与蛋白质含量呈线性关系,故可以用于蛋白质含量的测定。

【器材】

试管 移液器 722 或 721 分光光度计

【试剂】

1. 0.9%NaCl 溶液。

2. 待测血清。

3. 标准蛋白 1 mg/ml 牛血清白蛋白。

4. 染液 0.1 g 考马斯亮蓝 G - 250 溶于 50 ml 95%乙醇,再加入 100 ml 86%磷酸,然后加蒸馏水定容到 1 000 ml。

【操作】

1. 标准曲线制备 配制 1 mg/ml 的标准蛋白溶液,制备系列稀释溶液,其浓度分别是 1 000 μg/ml,500 μg/ml,250 μg/ml,125 μg/ml,62.5 μg/ml 和 31.25 μg/ml。

按表 9 - 5 操作:

表 9 - 5

试剂	1	2	3	4	5	6	7
标准蛋白浓度(μg/ml)	1 000	500	250	125	62.5	31.25	0
标准蛋白(ml)	0.1	0.1	0.1	0.1	0.1	0.1	0
生理盐水(ml)	—	—	—	—	—	—	0.1
染液(ml)	5	5	5	5	5	5	5

摇匀,室温静置 3 分钟,以第七管为对照管,在分光光度计于波长 595 nm 处比色,读取吸光度值。以各管吸光度为纵坐标,各标准样品浓度(μg/ml)为横坐标作图得标准曲线。

2. 未知样品测定 取血清 0.25 ml 直接置于 50 ml 容量瓶中,加生理盐水至刻度,摇匀(此时样品稀释 200 倍)。

按表9-6操作:

表9-6

试　剂	测定管	对照管
稀释样品(ml)	0.1	—
生理盐水(ml)	—	0.1
染液(ml)	5	5

摇匀,静置3分钟,在分光光度计上于波长595 nm处比色,读取吸光度值,查标准曲线,求得稀释样品蛋白浓度。

未知样品蛋白浓度(μg/ml)=稀释样品浓度×稀释倍数

五、双缩脲法

【原理】

在碱性溶液中,蛋白质分子能与铜离子结合生成紫红色的复合物(双缩脲反应),在一定的浓度范围内,颜色的深浅与蛋白质含量呈线性关系。因此可用于测定蛋白含量。

【器材】

容量瓶　移液器　722或721分光光度计

【试剂】

1. 双缩脲试剂　取$CuSO_4 \cdot 5H_2O$ 1.5 g和酒石酸钾钠6.0 g以少量水溶解,再加10%NaOH溶液300 ml,KI 1.0 g,然后加水至1 000 ml,贮棕色瓶中长期保存。如有暗红色出现,即不能使用。

2. 卵清蛋白　取约1 ml卵清溶于100 ml 0.9% NaCl溶液,离心,取上清液,用凯氏定氮法测定其蛋白质含量。根据测定结果,用0.9% NaCl溶液稀释卵清蛋白液,使其蛋白质含量为2 mg/ml。

3. 未知液　可用酪蛋白或血清。

【操作】

1. 标准曲线绘制　将6个10 ml容量瓶编号,各瓶依次分别加入2 mg/ml的卵清蛋白液1、2、3、4、5、6 ml,然后各瓶稀释至刻度,即得0.2、0.4、0.6、0.8、1.0、1.2 mg/ml的6种不同浓度的蛋白质溶液。

取干燥试管7支,按0～6编号,1～6号管分别依次加入上述不同浓度的蛋白溶液3.0 ml,0号管为对照管,加入3.0 ml蒸馏水。然后各管分别加入双缩脲试剂3.0 ml,充分混匀,即有紫红色出现,37℃水浴30分钟,在540 nm处以

0 号管调零点,测定各管光吸收。以光吸收为纵坐标,蛋白质含量为横坐标绘制标准曲线。

2. **样品测定**　取未知浓度的蛋白质溶液 3.0 ml,置试管内,加入双缩脲试剂,混匀,于 37℃水浴 30 分钟,用上述 0 号管调零点,测其 540 nm 处的光吸收,对照标准曲线求得未知蛋白液的浓度。

此法所得标准曲线的线性及重复性较好,一般每配一次溶液只需作一次标准曲线。硫酸铵不干扰显色反应,这有利于测定用盐析纯化的蛋白浓度。Tris、蔗糖、甘油虽然对测定有干扰,但只要将其浓度稍加控制,并且在标准曲线制作溶液中也含有同样的浓度,干扰问题基本可以解决。在生物体中,除蛋白质外,几乎没有能起双缩脲反应的物质,但要注意那些在 540 nm 处有吸收的色素干扰。样品中若脂质含量较高,有产生混浊的可能,需加入 1.5 ml 乙醚或石油醚抽提一次,取水层再进行测定。

双缩脲法的结果,不因蛋白的种类不同而变化,这是此法的优点。但它的明显缺点是灵敏度不太高,测量范围在 1～10 mg/ml。在有大量糖类共存或含有脯氨酸的肽中,测定值可能偏低,并且不适用于不溶样品的测定。

实验6　离子交换层析法分离混合氨基酸

【原理】

本实验用磺酸型阳离子交换树脂(Dowex 50)分离酸性氨基酸(天冬氨酸)、中性氨基酸(丙氨酸)、碱性氨基酸(赖氨酸)混合液。在特定的 pH 条件下,它们的解离程度不同,与树脂结合的紧密程度不同,因而通过改变洗脱液的 pH 或离子强度可将三种不同氨基酸依次洗脱分离。

【器材】

烧杯　量筒　试纸　层析柱　移液器　三角烧瓶　试管　沸水浴　玻棒

【试剂】

1. 磺酸阳离子交换树脂(Dowex 50)。

2. 2 mol/L HCl。

3. 2 mol/L NaOH。

4. 0.1 mol/L pH 4.2 柠檬酸缓冲液　柠檬酸 12.92 g＋柠檬酸钠 · 2H$_2$O 11.32 g,定容至 1 000 ml。

5. 0.1 mol/L HCl。

6. 0.1 mol/L NaOH。

7. 2 mol/L pH 5.0 醋酸缓冲液　冰醋酸 35.42 ml＋醋酸钠 · 3H$_2$O 191.76 g,定容至 1 000 ml。

8. 茚三酮溶液　0.25 g 茚三酮溶于 100 ml 水中。

9. 氨基酸混合液　丙氨酸、天冬氨酸、赖氨酸各 10 mg,加 0.1 mol/L HCl 1 ml 溶解。

【操作】

1. 树脂处理　100 ml 烧杯中放置约 10 g 树脂,加 25 ml 2 mol/L HCl 搅拌,2 小时后,倾弃酸液,用蒸馏水充分洗涤至中性,加 25 ml 2 mol/L NaOH 至上述树脂中搅匀,2 小时后,弃碱液,用蒸馏水充分洗涤至中性,将树脂悬浮在 50 ml pH 4.2 柠檬酸缓冲液中,备用。

2. 装柱　取层析柱自顶部注入处理后的树脂悬浮液,关闭层析柱出口,待树脂沉降后,放出过量的溶液,再加入树脂,直至 2/3 柱高处即可,于柱顶部继续加入 pH 4.2 柠檬酸缓冲液洗涤,使流出液 pH 为 4.2 为止,关闭出口,保持液面在树脂表面上 1 cm。在装柱时必须防止气泡、分层及干柱等现象出现。

3. 加样、洗脱及收集　打开出口使缓冲液流出,待液面几乎与树脂表面平齐,关闭出口(不可使树脂表面干燥),用移液器吸取 0.2 ml 氨基酸混合液,仔细加到树脂顶部,打开出口使其缓慢流入柱内,当液面刚好与树脂表面平齐时,加入 2 ml 0.1 mol/L HCl,以 15～20 滴/分的流速洗涤,并开始收集洗脱液,当液面刚平树脂表面时,再加入 2 ml 0.1 mol/L HCl,连续分管收集洗脱液,每管 2 ml。当 HCl 液面刚平齐树脂表面时,加入 2 ml pH 4.2 柠檬酸缓冲液,冲洗柱壁,并分管收集洗脱液。当液面刚平树脂表面时,再加入 2 ml pH 4.2 柠檬酸缓冲液,随后用盛有 25～30 ml pH 4.2 柠檬酸的三角烧瓶,通过导管与层析柱连接,进行连续洗脱,保持流速 15～20 滴/分,并注意不能使树脂表面干燥。约收集 8 管时,移去 pH 4.2 缓冲液的三角烧瓶,待柱内 pH 4.2 缓冲液刚到树脂表面时,加入 2 ml 0.1 mol/L NaOH 并将盛有 25～30 ml 0.1 mol/L NaOH 的三角烧瓶,通过导管与层析柱连接,连续洗脱,流速 15～20 滴/分,每管 2 ml,再收集 5 管左右。

4. 检测　将收集管按收集秩序编号,每管加入 1 ml 2 mol/L pH 5.0 醋酸缓冲液,混匀,各管中再加入 1 ml 茚三酮溶液。在沸水浴中煮 15～20 分钟后,溶液呈蓝紫色表示含有氨基酸,颜色深浅与氨基酸的浓度有关。

5. 树脂再生　同树脂的处理。

实验7 影响酶作用的因素

【原理】

酶活性很容易受作用环境中温度和 pH 的影响。在低温条件下,酶作用缓慢,温度增加时作用加快,但温度过高时,酶活性因酶蛋白变性而破坏。大多数动物酶的最适温度为 37~40℃。

酶作用时要求最适 pH,若作用环境中过酸或过碱,亦将使活性降低,甚至使酶蛋白变性而丧失活性。不同的酶要求不同的最适 pH,在人体内一般与酶作用部位的体液 pH 相一致,本实验所用的唾液淀粉酶的最适 pH 为 6.8。酶在最适 pH 和最适温度时,其活性最强,催化反应的速度亦最快。

有些能增加酶活性的物质,称为酶的激动剂,能抑制酶活性但不使酶蛋白变性的物质,称为酶的抑制剂,本实验分别观察氯离子(Cl^-)和铜离子(Cu^{2+})对唾液淀粉酶的激动和抑制作用。

【器材】

试管 移液器 恒温水浴 冰浴

【试剂】

1. 1% 淀粉液。

2. 0.9% 氯化钠溶液。

3. 5% 硫酸铜溶液。

4. pH 3.0 缓冲液 0.1 mol/L 邻苯二甲酸氢钾溶液 50 ml,0.1 mol/L 盐酸 20.32 ml,加水稀释至 100 ml。

5. pH 6.8 缓冲液 0.2 mol/L KH_2PO_4 溶液 50 ml,0.2 mol/L NaOH 23.6 ml,稀释至 200 ml。

6. pH 9.0 缓冲液 0.2 mol/L 硼酸-氯化钾溶液 50 ml,0.2 mol/L NaOH 21.40 ml 稀释至 200 ml。

7. 0.2 mol/L KH_2PO_4 溶液 27.232 g KH_2PO_4 并溶于蒸馏水中,稀释至 1 000 ml。

8. 0.2 mol/L 硼酸-氯化钾溶液 溶解 12.405 g 纯 H_3BO_3 以及 14.91 g 干燥的 KCl 于蒸馏水中,稀释至 1 000 ml。

9. 0.2 mol/L 氢氧化钠溶液 以 1 mol/L NaOH 溶液准确地稀释之。

10. 稀碘液 取碘 2 g 及碘化钾 3 g 溶解于 1 000 ml 蒸馏水中,再以此碘液 1 份与水 1 份的比例稀释备用。

【操作】

1. 收集唾液　用蒸馏水漱口,清洁口腔后吐去,再含蒸馏水(约 1~2 min)吐入小烧杯内,即为稀释唾液,此稀释唾液中含有唾液淀粉酶。

2. 取一部分稀释唾液(2~2.5 ml)于一试管内,在酒精灯上或沸水浴中加热煮沸 10 分钟,即为煮沸稀释唾液。

3. 取试管 7 支并编号,按表 9-7 所列顺序进行操作(每加一试剂后应立即混匀)。

表 9-7

试剂	1	2	3	4	5	6	7
1%淀粉溶液(ml)	2	2	2	2	2	2	2
0.9% NaCl 溶液(滴)	5	5	5	5	5	—	—
5% CuSO₄ 溶液(滴)	—	—	—	—	—	5	—
蒸馏水(滴)	—	—	—	—	—	—	5
pH 6.8 缓冲液(ml)	1	1	1	—	—	1	1
pH 3.0 缓冲液(ml)	—	—	—	1	—	—	—
pH 9.0 缓冲液(ml)	—	—	—	—	1	—	—
稀释唾液(ml)	—	1	1	1	1	1	1
煮沸稀释唾液(ml)	1	—	—	—	—	—	—
混匀后,分别放入指定温度反应 3 分钟							
	37℃	冰水	37℃	37℃	37℃	37℃	37℃
稀碘液(滴)	1	1	1	1	3*	1	1

注:* 如褪色可多加,因碘在碱性溶液中可反应生成 NaI 及 NaOI,溶液即呈无色,故第 5 管可多加碘液。

4. 比较 1、2、3 管实验结果,并解释。

　比较 3、4、5 管实验结果,并解释。

　比较 3、6、7 管实验结果,并解释。

【注】

(1) 淀粉经淀粉酶催化水解后,产生的中间产物遇碘呈现不同颜色。

变化过程:淀粉→紫色糊精→红色糊精→无色糊精→麦芽糖

遇碘呈色:(蓝)　　(紫)　　(红)　　(无)　　(无)

(2) 淀粉在水解过程中与各种中间产物同时存在,故遇碘后呈色的界限不明显,如淀粉与紫色糊精同时存在时,则可为蓝色及紫色的混合颜色。

实验8　酶促反应动力学

　　酶活性测定的基础是化学反应速度的比较,即酶催化的化学反应速度与无酶或者酶失活情况下化学反应速度的比较。反应速度通常以测定单位时间内产物生成量或者底物的减少量来确定,因为酶具有高度不稳定性,反应体系的条件必须严格控制,这些条件包括 pH、温度等。如果能正确地选择和维持这些实验条件,就可以掌握酶量和反应速度之间的关系。

　　酶催化反应的典型曲线是随着时间的延长,反应速度下降,由起初线性部分逐渐转变成曲线。这种变化是几种因素共同作用的结果,包括底物浓度下降,逆反应增加和酶的变性等。用不同量的酶进行实验时,起初线性部分的斜率与酶浓度成正比,而非线性部分则并非如此,因此测定酶活性的所有反应速度都必须在线性范围内进行。也就是说要测定反应的初速度,即底物浓度变化在底物起始浓度的 5% 以内的速度。

　　在酶促反应动力学实验过程中,对不同因素的研究所需的底物浓度也不同。例如在测定底物浓度、抑制剂、激活剂对酶活性的影响时,选择的一系列底物浓度,一般是其 K_m 值。而在测定 pH、温度对酶活性影响时所选择的底物浓度一般是其 K_m 值的 10 倍,测定的是最大反应速度,以排除底物浓度的影响。

　　测定产物和底物的方法很多,比较重要的有下列几种:

　　1. 分光光度法　　这一方法的原理是利用底物和产物对紫外光或可见光的吸收不同,选择一个适当的波长测定反应过程中光吸收的变化以反映化学反应进行情况。这一方法的优点是简便、省时、省样品,甚至可以连续读出反应过程中反应进行的情况。目前自动记录式分光光度计的使用,使这一方法更显示出其优越性,成为酶活性测定中最为重要的方法。例如某些脱氢酶活性的测定就是如此。脱氢酶常需要 NAD^+ 或 $NADP^+$ 作为辅酶,反应以后生成 NADH 或 NADPH。NAD^+ 或 $NADP^+$ 在 340 nm 处吸光系数很小,而 NADH 和 NADPH 在 340 nm 处有较大吸光系数,因此就可以在 340 nm 处测定 NADH 或 NADPH 生成或减少而引起的光吸收变化,从而测定这些脱氢酶的活性。

　　2. 荧光法　有些酶反应的底物或产物会产生荧光,可以用荧光法来测定其活性。荧光法的灵敏度高,比分光光度法高若干个数量级,但是由于能量的转移会产生荧光的吸收,蛋白质中某些氨基酸残基也具有荧光吸收性质,影响荧光法的应用。因此,要尽可能选择可见光范围的荧光进行测定。NADH 和 NADPH 具有较强的荧光,也可以用荧光法测定其变化以计算有关的酶活性。

3. 电化学方法 有些酶催化的反应会有 H^+ 浓度的改变,而 pH 是影响酶活性的重要因素,pH 的变化会影响酶反应速度。但是在 pH 变化很小,不到 0.1 pH 单位时,可以忽略 pH 变化对酶反应速度的影响。因此,用一个灵敏度为 1‰ pH 单位的 pH 计来测量反应过程中 pH 的变化,也可以测定酶的活性。

4. 比色法 在酶促反应过程中,许多底物或产物在可见光区的吸光系数都极小而不能直接用分光法测定,但往往可与某些试剂定量地起反应而生成有色物质,这种性质成为比色法测定的基础。从反应混合物中,每隔一段时间取出一定量的样品,或进行一段时间以后,加入一种化学试剂,与底物或产物反应,生成有色物质,用比色法测定有色物质的量来表示酶活性。这种方法要求的设备比较简单,因而也是比较常用的方法。

5. 同位素测定法 用放射性同位素标记底物,经酶作用后,分离产物,然后测定产物的脉冲数,与加进去底物的脉冲数比较,换算出酶的活性单位。这种方法的灵敏度很高,也比较专一。

本实验测定碱性磷酸酶的反应动力学,研究 pH、温度、底物及抑制剂对该酶的影响。酶反应速度则利用比色法测定单位时间内所产生的产物而予以计算。

一、pH 对酶促反应速度的影响

【原理】

酶的本质是蛋白质,只有当酶蛋白处于一定的构象及荷电状态,才有利于酶与底物的结合与催化,使酶促反应最快,因此,酶活性会受溶液 pH 值的影响。此外,溶液 pH 还可能影响底物或辅酶的解离程度从而改变酶的催化活性。在其他作用条件不变时,通常只有在一定的 pH 范围内,酶才表现其催化活性。在某一 pH 值时,酶的催化活性达最大值,这一 pH 值称为酶的最适 pH。不同的酶,最适 pH 也不同。体内大多数酶的最适 pH 在 5.5~8.0,但也有例外,如磷酸酶,有碱性和酸性两种。碱性磷酸酶的最适 pH 为 8.6~10.0,酸性磷酸酶的最适 pH 则小于 6.5,常在 pH 5.0 左右。

碱性磷酸酶(ALP)的专一性较差,能水解多种酯键,但对于不同的底物,甚至在不同缓冲液体系中,其最适 pH 可以有所差异。测定碱性磷酸酶活性的方法很多,常用的有 β-磷酸甘油法、磷酸苯二钠法(4-氨基安替比林法)、磷酸酚酞法、磷酸麝香草酚法等等。

本实验采用磷酸苯二钠法,在不同 pH 值的甘氨酸缓冲液条件下,测定碱性磷酸酶活性,从而确定其最适 pH。

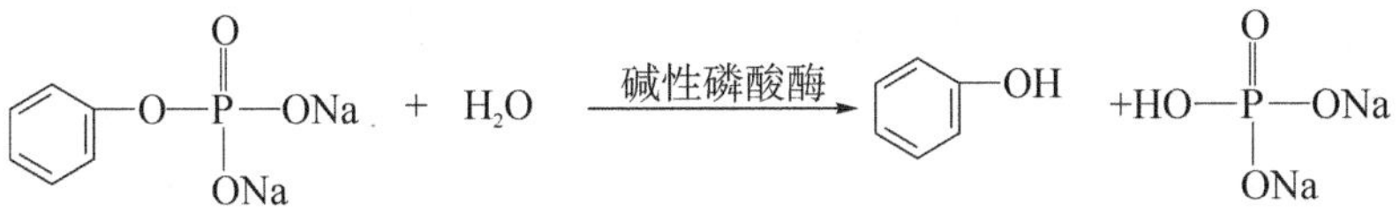

磷酸苯二钠　　　　　　　　　　　　　　酚

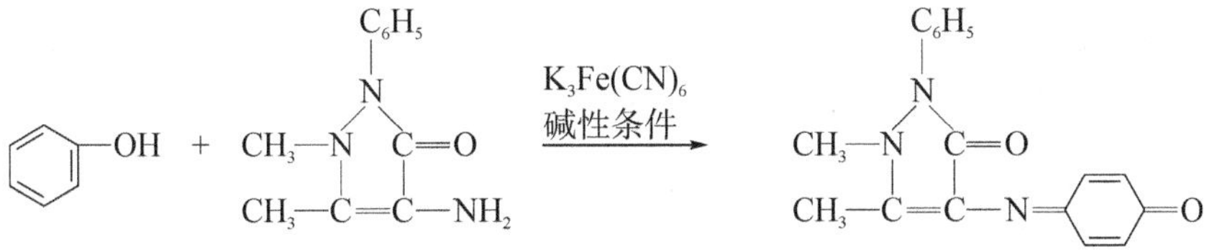

酚　　　4-氨基安替比林　　　　　　　　　　　　醌衍生物

以磷酸苯二钠为底物,被碱性磷酸酶水解后则产生游离酚和磷酸盐。酚在碱性溶液中与 4-氨基安替比林作用,经铁氰化钾氧化,可生成红色的醌类衍生物。根据红色的深浅就可测出酚的含量,从而计算出酶的活性大小。

【器材】

试管　水浴锅　pH 计

【试剂】

1. 0.2 mol/L 甘氨酸缓冲液　称取 15.01 g 甘氨酸,加蒸馏水溶解并稀释至 1 000 ml。

于 50 ml 0.2 mol/L 甘氨酸溶液中按表 9-8 加入 0.2 mol/L NaOH,最后加蒸馏水至 100 ml,配制成不同 pH 值溶液。

表 9-8

pH	0.2 mol/L 甘氨酸(ml)	0.2 mol/L NaOH(ml)
8.0	50.0	1.0
9.0	50.0	7.5
10.0	50.0	31.0
11.0	50.0	48.5
11.5	50.0	54.0

配好后用 pH 计进一步校正,校正时,缓冲液浓度要预温至 37℃。

2. 0.02 mol/L 基质液　称取磷酸苯二钠($C_6H_5PO_4Na_2 \cdot 2H_2O$)2.54 g 或者磷酸苯二钠(无结晶水)2.18 g,用煮沸冷却的蒸馏水溶解,加 2 ml 氯仿(防腐),并稀释至 500 ml。盛于棕色瓶中,冰箱内保存。此液只能用一周。

3. 酶液　称取纯碱性磷酸酶 2.5 mg,用 0.9%NaCl 配制成 100 ml,冰箱中保存。

4. **4-氨基安替比林** 称取 4-氨基安替比林 0.3 g,用蒸馏水溶解,并稀释至 100 ml,置棕色瓶中,冰箱中保存。

5. **铁氰化钾** 称取 2.5 g 铁氰化钾和 17 g 硼酸,各溶于 400 ml 蒸馏水中,溶解后两液混合,再加蒸馏水至 1 000 ml,置于棕色瓶中,暗处保存。

【操作】

1. 取试管 6 支,编号,按表 9-9 操作:

表 9-9

试剂	1	2	3	4	5	6
甘氨酸缓冲液 pH 值	8.0	9.0	10.0	11.0	11.5	—
缓冲液(ml)	0.9	0.9	0.9	0.9	0.9	—
蒸馏水(ml)	—	—	—	—	—	0.9
4-氨基安替比林(ml)	1.0	1.0	1.0	1.0	1.0	1.0
0.02 mol/L(磷酸苯二钠)基质液(ml)	0.5	0.5	0.5	0.5	0.5	0.5
37℃水浴中保温 5 分钟						
酶液(ml)	0.1	0.1	0.1	0.1	0.1	—
0.9%NaCl(ml)	—	—	—	—	—	0.1

加入酶液,立即混匀计时,在 37℃水浴中准确保温 15 分钟。

2. 保温结束,各管中立即加入铁氰化钾 3.0 ml 充分摇匀,室温放置 10 分钟。

3. 比较各管颜色之深浅,分别用+～++++表示,判断在何种 pH 下酶活性最强。

二、温度对酶促反应速度的影响

【原理】

温度对酶活性有显著影响。温度低时,酶促反应减弱或停止;温度逐渐升高时,反应速度也随之逐渐增加,当温度上升到某一定值时,酶促反应速度达到最大值,此温度称为酶作用的最适温度。但酶是蛋白质,其本身也因温度升高而变性,超过最适温度时,反而使酶促反应降低,一般温度升至 70～80℃以上,酶活性几乎全部丧失。应该指出,体外实验时酶的最适温度会随着保温时间的长短而有所变化。

本实验以碱性磷酸酶为例,在不同温度下保温一定时间,观察酶活性的变化。

【器材】

试管 水浴锅

【试剂】

1. 0.1 mol/L 碳酸盐缓冲液(pH 10)　溶解无水碳酸钠 6.26 g,碳酸氢钠 3.36 g,4-氨基安替比林 1.5 g 于蒸馏水 800 ml中,将此溶液转入 1 000 ml 容量瓶内,加蒸馏水至刻度,贮存于棕色瓶中。

2. 其他试剂同前实验。

【操作】

1. 取试管 6 支编号,按表 9-10 操作:

表 9-10

试剂	1	2	3	4	5	空白
0.1 mol/L pH 10 碳酸盐缓冲液(ml)	1.5	1.5	1.5	1.5	1.5	1.5
0.02 mol/L 基质液(磷酸苯二钠)	0.5	0.5	0.5	0.5	0.5	0.5
预温温度(5分钟)	冰浴	20℃	37℃	70℃	100℃	室温
酶液(ml)	0.1	0.1	0.1	0.1	0.1	—
0.9%NaCl(ml)	—	—	—	—	—	0.1
保温温度(15分钟)	冰浴	20℃	37℃	70℃	100℃	室温

加入酶液后,立即混匀计时,并在所要求的温度下准确保温 15 分钟。

2. 保温结束后,各管再分别加入铁氰化钾 2.0 ml,充分混匀,室温放置 10 分钟。

3. 比较各管颜色之深浅,用 +～++++ 表示。观察在何种温度下酶活性最强。

三、底物浓度对酶促反应速度的影响

【原理】

在温度、pH 及酶浓度恒定的条件下,底物浓度对酶的催化作用有很大的影响。一般情况下,当底物浓度很低时,酶促反应的速度(v)随底物浓度(S)的增加而近似线性加速;但当底物浓度继续增加时,反应速度的增加率就比较小;当底物浓度增加到某种程度时,反应速度达到一个极限值(最大速度 v_m)。如图 9-2 所示。

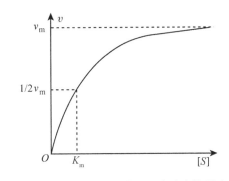

图 9-2　底物浓度对酶促反应速度的影响

底物浓度和反应速度的这种关系可用下列 Michaelis-Menten 方程式表示。

$$v = \frac{v_m[S]}{K_m + [S]} \quad \text{或} \quad K_m = [S]\left(\frac{v_m}{v} - 1\right)$$

式中，v_m 是最大反应速度，K_m 代表米氏常数，当 $v = 1/2\, v_m$ 时，$K_m = [S]$。所以米氏常数是反应速度(v)等于最大速度一半时的底物浓度。K_m 是酶的特征性常数，测定 K_m 是研究酶的一种重要方法，大多数酶的 K_m 值在 $0.01 \sim 100$ mmol/L。

但是在一般情况下，根据实验结果绘制成上述直角双曲线，却难以准确求得 K_m 和 v_m 值，如果将 Michaelis-Menten 方程式换算成 Lineweaver-Burk 方程式，结果如下：

$$\frac{1}{v} = \frac{K_m + [S]}{v_m[S]} \quad \text{或} \quad \frac{1}{v} = \frac{K_m}{v_m} \cdot \frac{1}{[S]} + \frac{1}{v_m}$$

此方程式为一直线方程式，故用反应速度的倒数和底物浓度的倒数来作图，就可以准确求得该酶的 K_m 和 v_m 值。

以 $1/[S]$ 和 $1/v$ 分别为横坐标和纵坐标作图，可以得到图 9-3。

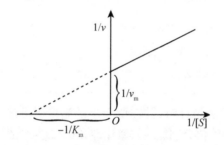

图 9-3 酶促反应速度倒数与底物浓度倒数的关系曲线

图中 K_m/v_m 为该直线的斜率，而直线与纵坐标的交点为 $1/v_m$，直线与横坐标的交点为 $-1/K_m$。因此，可以在作图后，将该直线延长，根据其在横轴上的截距计算该酶的 K_m 值。

本实验以碱性磷酸酶为例，测定不同浓度底物时的酶活性。再根据 Lineweaver-Burk 法作图计算其 K_m 值。

【器材】

试管　水浴锅　分光光度计

【试剂】

1. 酚标准液（市售标准液）　用蒸馏水稀释成 0.1 mg/ml。

2. 其他试剂同前实验。

【操作】

取干燥试管 7 支编号，按表 9-11 操作：

表 9-11

试剂	1	2	3	4	5	标准	空白
酶液(ml)	0.1	0.1	0.1	0.1	0.1	—	—
酚标准液(ml)	—	—	—	—	—	0.1	—
0.9%NaCl(ml)	—	—	—	—	—	—	0.1
0.1 mol/L pH 10 碳酸盐缓冲液(ml)	1.5	1.5	1.5	1.5	1.5	1.5	1.5
蒸馏水(ml)	1.2	1.1	0.9	0.65	0.4	1.4	0.9
混匀,将各管置37℃水浴箱预温5分钟							
基质液(磷酸苯二钠)(ml)	0.2	0.3	0.5	0.75	1.0	—	0.5
迅速混匀,置37℃水浴箱准确保温15分钟							
铁氰化钾溶液(ml)	3.0	3.0	3.0	3.0	3.0	3.0	3.0

迅速混匀,静置 5 分钟。以空白管校零点,在 520 nm 波长处进行比色,读出各管的吸光度。

【计算】

1. $[S]$、v、$1/v$、$1/[S]$ 的计算见表 9-12。

表 9-12

项目	计算方法
式(1) $[S]$(mol/L)	$\dfrac{0.02\ \text{mol/L} \times \text{加入的基质毫升数}}{3.0}$
式(2) v(活力单位)	$\dfrac{D_{测}}{D_{标}} \times 0.1 \times 0.1 \times \dfrac{100}{0.1}$
式(4) $\dfrac{1}{v}$	$1 \div$ 式(2)
式(5) $\dfrac{1}{[S]}$(mol/L)	$1 \div$ 式(1)

注:1. 酶活力单位定义:每 100 ml 酶液在 37℃ 与基质作用 15 分钟,产生 1 mg 酚为 1 金氏单位。

2. 以 v 的倒数 $1/v$ 为纵坐标,以底物浓度 $[S]$ 的倒数 $1/[S]$ 为横坐标,在方格纸上描点并连接成线,求该酶的 Km 值。

四、抑制剂对酶促反应速度的影响

【原理】

凡能降低酶的活性,甚至使酶完全丧失活性的物质,称为酶的抑制剂。酶的特异抑制剂分为可逆性和不可逆性抑制两大类。可逆性抑制又分为竞争性抑制、非竞争性抑制和反竞争性抑制。

竞争性抑制剂的作用特点是使酶的 K_m 值增大,但对酶促反应的最大速度 v_m 值无影响。按 Michaelis-Menten 方程式推导,竞争性抑制剂存在时,底物浓度与酶促反应速度的动力学关系如下式所示:

$$v = \frac{v_m[S]}{K_m\left(1+\dfrac{[I]}{K_i}\right)+[S]} ; \quad 即 \quad \frac{1}{v} = \frac{K_m}{v_m}\left(1+\frac{[I]}{K_i}\right)\frac{1}{[S]} + \frac{1}{v_m}$$

式中 $[I]$ 为抑制剂浓度;K_i 为抑制常数,即酶—抑制剂复合物的解离常数。如以 $1/v$ 对 $1/[S]$ 作图,可得到图 9-4。

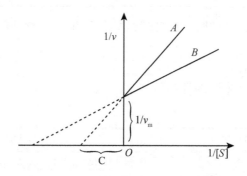

图 9-4 竞争性抑制剂对 K_m 的影响

A 有抑制剂时,斜率 $= \left(1+\dfrac{[I]}{K_i}\right)\dfrac{K_m}{v_m}$

B 无抑制剂时,斜率 $= \dfrac{K_m}{v_m}$

C 截距 $= \dfrac{-1}{K_m\left(1+\dfrac{[I]}{K_i}\right)}$

由图 9-4 可见,在竞争性抑制剂存在时,直线斜率增大,但仍以相同的截距与 $1/v$ 轴相交,故最大速度 v_m 不因抑制剂存在而改变。同时,当有竞争性抑制剂存在时,直线以不同的截距与 $1/[S]$ 轴相交,即其 K_m 值将比无抑制剂时的 K_m 值大。

非竞争性抑制剂的作用特点是不影响 $[S]$ 与酶的结合,故其 K_m 值不变,然

而却能降低其最大速度 v_m。按 Michaelis-Menten 方程式推导，非竞争性抑制剂存在时，底物浓度与酶促反应速度的动力学关系如下式所示：

$$v=\frac{v_m}{\left(1+\frac{[I]}{K_i}\right)\left(1+\frac{K_m}{[S]}\right)} \quad 即 \quad \frac{1}{v}=\left(1+\frac{[I]}{K_i}\right)\left(\frac{K_m}{v_m}\cdot\frac{1}{[S]}+\frac{1}{v_m}\right)$$

如以 $1/v$ 和 $1/[S]$ 作图，可得到如图 9-5。

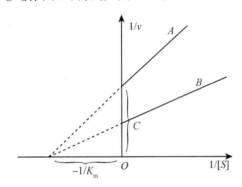

图 9-5　非竞争性抑制剂对 v_m 的影响

A 有抑制剂时，斜率 $=\left(1+\frac{[I]}{K_i}\right)\frac{K_m}{v_m}$

B 无抑制剂时，斜率 $=\frac{K_m}{v_m}$

C 截距 $=\frac{1}{v_m}\left(1+\frac{[I]}{K_i}\right)$

从图中可以看出，在非竞争性抑制剂存在时，直线斜率也增大，但以相同的截距与 $1/[S]$ 轴相交，故 K_m 值不变。同时该直线以不同的截距与 $1/v$ 轴相交，即 v_m 值变小。即：有非竞争性抑制剂存在时，不管底物浓度多大，也不能达到原来的最大速度 v_m。

本实验观察无机磷酸盐对碱性磷酸酶的抑制作用。

【器材】

同前实验

【试剂】

1. 0.08 mol/L 磷酸氢二钠　称取磷酸氢二钠 14.3 g，溶解于水中，并用水稀释至 500 ml。

2. 其余试剂同前实验。

【操作】

取干燥试管 7 支，编号，按表 9-13 操作：

表 9-13

试剂	1	2	3	4	5	标　准	空　白
酶液(ml)	0.1	0.1	0.1	0.1	0.1	—	—
酚标准液(ml)	—	—	—	—	—	0.1	—
0.9%NaCl(ml)	—	—	—	—	—	—	0.1
0.1 mol/L pH 10 碳酸盐缓冲液(ml)	1.5	1.5	1.5	1.5	1.5	1.5	1.5
磷酸氢二钠(ml)	0.1	0.1	0.1	0.1	0.1	0.1	0.1
蒸馏水(ml)	1.1	1.0	0.8	0.55	0.3	1.3	0.8
混匀,将各管置37℃水浴箱预温5分钟							
基质液(磷酸苯二钠)(ml)	0.2	0.3	0.5	0.75	1.0	—	0.5
迅速混匀,置37℃水浴箱准确保温15分钟							
铁氰化钾溶液(ml)	3.0	3.0	3.0	3.0	3.0	3.0	3.0

迅速混匀,静置 5 分钟,在波长 520 nm 处进行比色,以空白管校正零点,读出各管吸光度。

【计算与作图】

1. $[S]$、$[S]/v$、$1/v$、$1/[S]$ 的计算,计算公式参考"底物浓度对酶促反应速度的影响"部分。

2. 以 v 的倒数 $1/v$ 为纵坐标,以底物浓度 $[S]$ 的倒数 $1/[S]$ 为横坐标,在方格纸上描点并根据各点画出一条直线,求该酶的 K_m 值并说明该抑制剂属于何种类型。

注意:将底物浓度的影响及抑制剂的影响两条直线画在一张坐标纸上,以利于判断抑制剂类型。

第十章

核酸的分离分析技术

实验9 酵母细胞中核糖核酸(RNA)的提取及组分鉴定

【原理】

酵母细胞中富含核糖核酸(RNA),在碱性溶液中加热煮沸时,核蛋白解离,蛋白质变性沉淀,滤去蛋白质,即得游离的核酸。在碱性溶液中加入酸性乙醇溶液可以使解聚的核糖核酸沉淀,由此即可得到 RNA 的粗制品,将其水解后,分别检查水解产物。

【器材】

离心机　研钵

【试剂】

1. 钼酸铵试剂　溶 25 g 钼酸铵于 300 ml 水中,另将 75 ml 浓硫酸加入 125 ml 水中,混匀,冷却,合并以上二液。

2. 酸性乙醇　每 100 ml 95％乙醇中含 1 ml 浓盐酸。

3. 3,5-二羟甲苯试剂　取浓盐酸 155 ml,加入三氯化铁 100 mg 及二羟甲苯 100 mg,溶解后置棕色瓶中,此试剂必须临用前新鲜配制。

4. 1％硝酸银水溶液。

5. 5％ $FeSO_4$。

6. 20％ NaOH。

7. 0.1％ $CuSO_4$。

8. 氨水。

9. 1.5 mol/L H_2SO_4。

10. 0.04 mol/L NaOH。

11. 3 mol/L 醋酸。

【操作】

一、酵母中 RNA 的制备

1. 取 1 g 新鲜酵母置于研钵中,加入 6.5 ml 0.04 mol/L NaOH 充分研磨 3～5 分钟,使其成匀浆。

2. 将酵母匀浆倒入大试管中,在沸水中加热 30 分钟,加热时要常摇动。

3. 离心(3 000 rpm,10 分钟),把上清液倒入试管中,弃去沉淀。

4. 加 3 mol/L 醋酸 3 滴,立即摇匀酸化。

5. 将上述溶液猛力摇动后,徐徐倒入盛有 6.5 ml 酸性乙醇的离心管中,即有白色沉淀析出。

6. 离心(3 000 rpm,10 分钟),倾去上清液。

二、RNA 及其水解产物的检查

1. 双缩脲反应　向沉淀中加入 1 ml 水,混匀后取出 200 μl 置于 3 ml 水中,再加 1 ml 20%NaOH,逐滴加入 0.1%$CuSO_4$ 约 10 滴,注意颜色变化。

2. 水解　将余下的溶液置于试管中,加入 5 ml 1.5 mol/L H_2SO_4 煮沸 10 分钟水解,取水解液做如下试验。

(1) 戊糖实验:取 10 滴水解液,加 6 滴 3,5-二羟甲苯试剂,混合后置沸水中加热 10 分钟,观察颜色。

(2) 嘌呤试验:取 1 ml 水解液,加入氨水 10 滴碱化,再加入 3～4 滴硝酸银,观察现象。

(3) 磷的检查:取 1 ml 水解液,加 3 ml 钼酸铵试剂,摇匀,加 2 ml 5% $FeSO_4$,沸水浴中加热数分钟,观察颜色变化。

【注】

用于 RNA 制备的醋酸需新鲜配置,否则对酸化有影响,酸化后可用石蕊试纸检查。

实验 10 TRIzol 法提取组织总 RNA

【原理】

RNA 是一类极易降解的分子,要得到完整的 RNA 必须最大限度地抑制提取过程中内源性及外源性核糖核酸酶对 RNA 的降解。

TRIzol 试剂适用于从细胞和组织中快速分离总 RNA,提取的总 RNA 无蛋白和 DNA 污染,并能保持 RNA 完整性,可直接用于 Northern 杂交、PolyA(＋)RNA 分离、体外翻译和分子克隆等。TRIzol 试剂有多组分分离作用,与其他方法如异硫氰酸胍/酚法、酚/SDS 法、盐酸胍法、异硫氰酸胍法等相比,最大特点是可同时分离一个样品的 RNA、DNA 和蛋白质。

TRIzol 的成分为苯酚、异硫氰酸胍、8-羟基喹啉和 β-巯基乙醇。苯酚的主要作用是裂解细胞,使细胞中的核蛋白解聚,释放核酸。异硫氰酸胍是一类强力的蛋白质变性剂,可溶解蛋白质并破坏蛋白质的二级结构,从而破坏细胞结构,使核蛋白解离。苯酚虽可有效地变性蛋白质,但不能完全抑制 RNA 酶活性,因此 TRIzol 中的 8-羟基喹啉和 β-巯基乙醇等进一步抑制内源和外源 RNase(RNA 酶)。用 TRIzol 试剂裂解组织后,加入氯仿,经剧烈振荡后,溶液分为上层水相、中间沉淀层和下层有机相,RNA 在水相(上层)中。取出水相,用异丙醇可沉淀回收 RNA,经洗涤溶解后可得到总 RNA。

【器材】

台式冷冻离心机 剪刀 一次性手套 匀浆器或研磨棒 无 RNA 酶的 1.5 ml 离心管 紫外分光光度计

【试剂】

1. TRIzol(Invitrogen)或 RNAiso(Takara)。

2. 氯仿。

3. 异丙醇。

4. 无 RNase 的水(0.1% DEPC 水)。

5. 无水乙醇。

【操作】

1. 匀浆处理

(1) 动物组织:每 50～100 mg 组织(如肝脏,用剪刀剪取火柴头大小即可),加入 1 ml TRIzol,用匀浆器进行匀浆处理。样品体积不应超过 TRIzol 体积 10%。

（2）单层培养细胞　移去培养基，直接在培养板中加入 TRIzol 裂解细胞，每 10 cm² 面积（即 3.5 cm 直径的培养板）加 1 ml，用移液器吸打几次。TRIzol 的用量应根据培养板面积而定，不取决于细胞数。TRIzol 加量不足可能导致提取的 RNA 有 DNA 污染。

（3）细胞悬液　离心收集细胞，每（5～10）×10⁶ 动物、植物、酵母细胞或 1×10⁷ 细菌细胞加入 1 ml TRIzol，反复吸打。加 TRIzol 之前不要洗涤细胞以免 mRNA 降解。

2. 裂解液室温放置 5 分钟，然后以每 1 ml TRIzol 液加入 0.2 ml 的比例加入氯仿，盖紧离心管，用手剧烈摇荡离心管 15 秒，8 000 rpm 离心 5 分钟。

3. 取上层水相于一新的离心管（注意不要吸入中间沉淀层和下层有机相），按每 1 ml TRIzol 液加 0.5 ml 异丙醇的比例加入异丙醇，室温放置 10 分钟，12 000×g 离心 10 分钟。

4. 弃去上清液，按每 1 ml TRIzol 液加入至少 1 ml 的比例加入 75％乙醇（用无 RNA 酶的水稀释），混匀，4℃ 7 500×g 离心 5 分钟。

5. 小心弃去上清液，然后室温或真空干燥 5～10 分钟，注意不要干燥过分，否则会降低 RNA 的溶解度。加入 25～200 μl 无 RNase A 的水，用移液枪吹打几次，必要时可 55～60℃水浴 10 分钟以促进 RNA 溶解。所得总 RNA 可用于进一步分离 mRNA，或于 70％乙醇中－70℃保存。

【注】

（1）整个操作过程要戴口罩及一次性手套，并尽可能在低温下操作。

（2）加氯仿前的匀浆液可在－70℃保存一个月以上；RNA 沉淀在 70％乙醇中可在 4℃保存一周，－20℃保存一年。

（3）部分酵母和细菌细胞需用匀浆器处理后，再用该法提取 RNA。

实验 11　基因组 DNA 的制备及鉴定

基因组 DNA 的提取通常用于构建基因组文库、Southern 杂交（包括 RFLP）及 PCR 等。利用基因组 DNA 较长的特性，可以将其与细胞器或质粒等小分子 DNA 分离。加入一定量的异丙醇或乙醇，基因组的大分子 DNA 即沉淀形成纤维状絮团飘浮在溶液中，可用玻棒将其取出，而小分子 DNA 则形成颗粒状沉淀附于壁上及底部，从而达到提取的目的。在提取过程中，染色体会发生机械断裂，产生大小不同的片段，因此分离基因组 DNA 时应尽量在温和的条件下操作，如尽量减少酚/氯仿抽提、混匀过程要轻缓，以保证得到较长的 DNA。一般来说，构建基因组文库，初始 DNA 的长度必须在 100 kb 以上，否则酶切后两边都带合适末端的有效片段很少。而进行 RFLP 和 PCR 分析，DNA 长度可短至 50 kb，在该长度以上，可保证酶切后产生 RFLP 片段（20 kb 以下），并可保证包含 PCR 所扩增的片段（一般 2 kb 以下）。

不同生物（植物、动物、微生物）的基因组 DNA 的提取方法有所不同。不同种类或同一种类的不同组织因其细胞结构及所含的成分不同，分离方法也有差异。在提取某种特殊组织的 DNA 时必须参照文献和经验建立相应的提取方法，以获得可用的 DNA 大分子，尤其是组织中的多糖和酶类物质对随后的酶切、PCR 反应等有较强的抑制作用，因此用富含这类物质的材料提取基因组 DNA 时，应考虑除去多糖和酶类物质。

综上所述，制备 DNA 的原则是既要将蛋白质、脂类、糖类等物质分离干净，又要保持 DNA 分子的完整，蛋白酶 K 的应用使这两个原则得到了保证，蛋白酶 K 可将蛋白降解成小的多肽和氨基酸，使 DNA 分子尽量完整地分离出来。在提取 DNA 的反应体系中，同时含有 SDS。SDS 是离子型表面活性剂，主要作用是：① 溶解膜蛋白而不破坏细胞膜；② 解聚细胞中的核蛋白；③ 与蛋白质结合，使蛋白质变性而沉淀下来。

本实验以大肠杆菌培养物和哺乳动物组织为材料，学习基因组 DNA 提取的一般方法。

一、大肠杆菌 BL21 基因组 DNA 的制备及鉴定

【器材】

高速冷冻离心机　台式离心机　恒温水浴　电泳仪　水平电泳槽　紫外检测仪

【试剂】

1. 10% SDS。

2. 5 mol/L NaCl。

3. 20 mg/ml 蛋白酶 K。

4. CTAB/NaCl 溶液[10% 十六烷基三甲基溴化铵(CTAB),0.7 mol/L NaCl] 4.1 g NaCl 溶于 80 ml 水中,缓慢加入 10 g CTAB,加热溶解。

5. 酚-氯仿-异戊醇 25∶24∶1。

6. 氯仿-异戊醇 24∶1。

7. 异丙醇。

8. 70% 乙醇。

9. TE 缓冲液 10 mmol/L Tris-HCl (pH 8.0),1 mmol/L EDTA 高压灭菌后 4℃ 保存。

10. 10 mg/ml RNase A 溶液 称取 RNase A 10 mg,用 TE 缓冲液配制,100℃ 45 分钟灭活 DNase 酶。

【操作】

1. 取 1.5 ml 对数生长期细菌,5 000 rpm 离心 2 分钟,沉淀细菌。

2. 弃上清,沉淀物加入 567 μl TE 缓冲液,用枪反复吹打使之重悬。加入 30 μl 10% 的 SDS 和 3 μl 20 mg/ml 的蛋白酶 K,混匀,于 37℃ 温育 1 小时。

3. 加入 100 μl 5 mol/L NaCl,充分混匀,再加入 80 μl CTAB/NaCl 溶液,混匀,于 65℃ 温育 20 分钟(从这一步开始可以除去多糖和其他污染的大分子)。

4. 加入等体积的酚-氯仿-异戊醇,混匀,12 000 rpm 离心 5 分钟。将上清液转入一个新管中。如果难以移出上清,先用牙签除去界面物质。

5. 加入等体积的氯仿-异戊醇,混匀,12 000 rpm 离心 5 分钟,将上清液转入一个新管中。

6. 加入 0.6 体积异丙醇,颠倒混匀,室温下静止 10 分钟,沉淀 DNA。用玻棒挑取 DNA 沉淀(或 10 000 rpm 离心),将之转移至 1 ml 的 70% 乙醇中洗涤。

7. 离心 5 分钟,弃上清,室温干燥 10 分钟,溶于 1 ml TE(或水)加 10 μl RNase A,65℃,10~30 分钟复溶和除去 RNA。

8. 加等体积酚/氯仿,氯仿抽提。轻轻混匀,冰浴沉淀 5 分钟,5 000 rpm 离心 5 分钟,取上清。

9. 上清液加 2 倍体积的无水乙醇、1/10 体积 NaAc,−20℃ 2 小时或 −80℃ 30 分钟,10 000 rpm 离心 10 分钟,沉淀用 70% 冷乙醇洗涤,室温干燥

10 分钟,复溶于 0.5 ml TE 或水中,分装成小体积,−20℃或 4℃保存。

10. 鉴定　所提 DNA 进行琼脂糖凝胶电泳分析,紫外检测仪观测。

二、组织 DNA 的制备及鉴定

【器材】

高速冷冻离心机　台式离心机　恒温水浴　剪刀　电泳仪　水平电泳槽
紫外检测仪

【试剂】

1. RSB 缓冲液　10 mmol/L Tris-HCl,pH 7.4;10 mmol/L NaCl;25 mmol/L
EDTA,pH 7.4。

2. 5 mol/L NaCl。

3. 20 mg/ml 蛋白酶 K。

4. 酚-氯仿-异戊醇　25：24：1。

5. 氯仿-异戊醇　24：1。

6. 70％乙醇。

7. 2×SSC　0.3 mol/L NaCl,0.03 mol/L 柠檬酸钠,用 HCl 调至 pH 7.0
高压灭菌 20 分钟。

【操作】

1. 将 200 mg 组织在冰浴条件下用消毒剪刀充分剪碎,加 4 ml 1×RSB 缓
冲液,放入 10 ml 带盖的塑料管中。

2. 加 SDS 至浓度为 1％(可加 0.4 ml 10％ SDS),混匀。由于 DNA 从核中
释放出来,样品变得黏稠。

3. 加 20 mg/ml 蛋白酶 K 22 μl,终浓度为 100 μg/ml,37℃保温 1～3 天,
直到组织完全解体。中间可振动样品管几次。加 0.4 ml 5 mol/L NaCl。

4. 用等体积饱和酚、1/2 体积饱和酚和 1/2 体积氯仿-异戊醇及等体积氯
仿-异戊醇(24：1)各抽提一次,3 000 rpm 离心 5 分钟,用大口钝缘吸管小心吸
取上层水相。

5. 在上述水相中,加 2.5 体积预冷无水乙醇沉淀 DNA。用一玻璃棒收集
白色纤维丝状的大片段 DNA,并移入一新管,空气干燥 DNA 中的无水乙醇。

6. DNA 溶于 4 ml 0.1×SSC 中,4℃过夜可作进一步纯化。

7. 加 20 μl RNaseA(10 mg/ml),37℃保温 5 小时。加 0.4 ml 5 mol/L
NaCl。

8. 同上法用饱和酚、氯仿-异戊醇抽提,乙醇沉淀离心,弃上清。

9. 70％乙醇洗涤 2 次,离心,弃上清,真空抽干。适量 1×TE 溶解,保存在 4℃。

10. 鉴定　所提 DNA 进行琼脂糖凝胶电泳分析,紫外检测仪观测。

【注】

(1) 操作 3 中,离心管中 NaCl 的浓度应不低于 0.5 mol/L,否则 DNA 将与 CTAB 共沉淀。

(2) 本法适用于从多糖含量高的样品中提取 DNA。对于菌体样品,通过此流程,可以获得较为完整的 DNA 分子。

实验 12　DNA 及 RNA 的含量测定

一、光密度测定法

【原理】

DNA 和 RNA 在 260 nm 处有较高的吸收峰,吸收值与其浓度成正比。因此可通过测定其 OD_{260},计算核酸样品浓度。

【仪器】

紫外分光光度计

【试剂】

水　DNA 或 RNA 溶液

【操作】

1. 样品稀释　取 5 μl DNA 样品或 4 μl RNA 样品加水到 1 ml。

2. 测吸光度　用 1 ml 水做空白,测定样品在 260 nm 处的吸光度值。

3. 计算　每 1 μl 中 DNA 或 RNA 浓度(μg)将是 OD 值的 10 倍,例如稀释后样品在 260 nm 处 OD 值为 0.2,则原 DNA 或 RNA 样品浓度为 2 μg/μl。

4. 如果想要检测样品的纯度,那么还要再测一次 280 nm 处 OD 值,计算二者的比率,若比率接近 2,则说明样品中核酸比较纯;若比率小于 1.6,则说明蛋白或其他吸收此波长的杂质在其中,建议再用酚/氯仿抽提继以乙醇沉淀除去杂质。

5. 如果想检测样品中是否残存酚等有机杂质,还要测定 230 nm 处 OD 值。

二、琼脂糖电泳测量法

【原理】

DNA 片段的浓度可与已知浓度的 DNA 同时进行电泳,根据结合的溴化乙锭荧光强度,估计其含量。

【仪器】

紫外分析仪　电泳槽　电泳仪

【试剂】

1. 6×上样缓冲液　0.25％溴酚蓝,40％(W/V)蔗糖水溶液。

2. 50×TAE　Tris 碱 242 g,冰乙酸 57.1 ml,0.5 mol/L EDTA 100 ml,加水溶解后定容至 1000 ml。

3. 5 mg/ml EB(溴化乙锭):0.5 g EB 溶于 100 ml 双蒸水。

【操作】

1. 称取 1 g 琼脂糖凝胶干粉,加 100 ml 1×TAE 电泳缓冲液,加热使琼脂糖熔化均匀,取出后室温冷却至 50～60℃。

2. 将胶倒入制胶槽中,并插入样品梳,待充分凝固后拔出样品梳。

3. 5 μl DNA 样品加 1 μl 6×凝胶加样缓冲液,混匀后全部加入凝胶板的样品孔中;在另一加样孔中加 5 μl 已知片段大小的 DNA 标准溶液。

4. 打开电源开关,电压 100 V,电泳 30～40 分钟。

5. 取出泳动后的凝胶板,EB 染色 20 分钟,在紫外分析仪中观察 DNA 区带。

6. DNA 含量的估计 比较待测 DNA 的条带与已知 DNA 的各条带的荧光密度,估计待测 DNA 在凝胶中的含量,再估计出其浓度。

第十一章

物质代谢及调控

实验 13 肝糖原的提取与定性鉴定

【原理】

肝糖原是一种高分子化合物,微溶于水,无还原性,与碘作用呈红棕色。提取肝糖原时,可将新鲜的肝组织与洁净砂及三氯醋酸共同研磨,当肝组织被充分破碎后,其中蛋白质即被三氯醋酸沉淀,而肝糖原则留于溶液中从而达到分离糖原与蛋白质等其他成分的目的。上清液中的糖原可借加入95％乙醇而沉淀。将沉淀的肝糖原溶于水中,取一份与碘呈色反应,另一部分经酸水解成葡萄糖后,再用班氏试剂检查葡萄糖的还原性。

【器材】

研钵　离心管　沸水浴　离心机

【试剂】

1. 5％三氯醋酸　5 ml 三氯醋酸,95 ml H_2O。

2. 95％乙醇　95 ml 无水乙醇,5 ml H_2O。

3. 20％ NaOH　20 g 固体 NaOH,溶于 H_2O 中,定容至 100 ml。

4. 班氏试剂的配制

① 将 86.5 g 柠檬酸钠和 50 g 无水碳酸钠溶解在 400 ml H_2O 中。

② 将 8.65 g 硫酸铜加入 50 ml H_2O 中,加热溶解。

③ 待两者冷却至室温,将硫酸铜溶液慢慢倒入前液,同时搅匀,并补足水量至 500 ml 备用。

5. 浓盐酸。

6. 稀碘液。

【操作】

1. 杀死小白鼠,立即取出肝脏,迅速用滤纸吸取附着的血液,称取约 1 g 肝脏置研钵中,加入石英砂及 5％三氯醋酸 1 ml 研磨。

2. 再加入 5％三氯醋酸 2 ml,再研磨,直至肝组织已充分成糜状为止,然后倾入离心管中,3 000 rpm 离心约 5 分钟。

3. 离心后,小心将上清液倾入另一刻度离心管中,加入等体积的 95％乙醇,混匀后静置 10 分钟,此时肝糖原沉淀析出。

4. 3 000 rpm 离心 10 分钟,倾去上清液,将离心管倒置于吸水纸上 1～2 分钟。

5. 向沉淀中加入蒸馏水 1 ml,用细玻棒轻轻搅拌沉淀至溶解,即成肝糖原溶液。

6. 取试管 2 支,一支加入肝糖原溶液 10 滴,另一支加入蒸馏水 10 滴(对照管),然后向两管中各加入碘液一滴,混匀,比较两管溶液的颜色。

7. 在剩余的肝糖原溶液中加入 3 滴 HCl,置于沸水浴中加热 10 分钟,取出用自来水冷却,然后以 20％ NaOH 溶液中和至中性(用 pH 试纸检测)。再加班氏试剂 1 ml,置于沸水浴中加热 5 分钟,取出用自来水冷却,观察沉淀的生成。

【注】

(1) 肝脏离体后,肝糖原分解迅速,因此将动物杀死后立即与三氯醋酸共研磨,以破坏肝细胞中能分解糖原的酶类。

(2) 实验用小白鼠在实验前必须饱食,因为空腹时肝糖原易分解而使其含量减少。

实验 14 血糖浓度的测定

测定血糖的方法很多,常用者有 Folin-Wu 法、邻甲苯胺法和葡萄糖酶法。

一、Folin-Wu 法

【原理】

先用钨酸与血液作用,使血中蛋白质沉淀,过滤,得到去蛋白血滤液(血液稀释 10 倍)。取一定量(2 ml)血滤液,与碱性铜试剂中的铜反应生成氧化亚铜。加入磷钼酸试剂,氧化亚铜使钼酸(Mo^{6+})还原成低价的蓝色钼化合物——钼蓝。由于钼蓝颜色的深度与糖的浓度成正比,故将测定管与同样处理的标准葡萄糖管比色即可求得血糖的含量。

【器材】

三角烧瓶 吸管 血糖管 水浴锅 分光光度计

【试剂】

1. 标准葡萄糖溶液 溶解 1.0 g 无水葡萄糖于饱和苯甲酸水溶液中配成 100 ml 溶液。使用时,按需要量取出,加水稀释 50 倍,即得 0.2 mg/ml 纯葡萄糖的稀释液(原液可久藏,稀释液可用两周)。

2. 碱性铜试剂 分别溶解 40 g 无水碳酸钠,7.5 g 酒石酸,4.5 g 纯硫酸铜于适量水中,先将碳酸钠及酒石酸溶液混合,最后加入硫酸铜,加水定容至 1 000 mL。

3. 磷钼酸试剂 将 35 g 钼酸、5 g 钨酸钠、200 ml 10％氢氧化钠及 200 ml 蒸馏水混合,摇匀,煮沸 20～40 分钟,以去除可能夹杂的氨。冷却,稀释至大约 350 ml,加 85％磷酸 125 ml,最后用水稀释到 500 ml,避光保存。

4. 10％钨酸钠。

【操作】

1. 无蛋白血滤液(1∶10)的制备

(1) 取 1.0 ml 抗凝血,置 50 ml 三角烧瓶内(注意:放血前,先将吸管尖端外壁的血液擦干净,放血时速度要求缓慢,以使吸管内壁粘附血液全部流下)。

(2) 加水 7 ml,1.33 mol/L 硫酸 1.0 ml。

(3) 慢慢滴加 10％钨酸钠溶液 1 ml,混匀。

(4) 放置 5 分钟,用优质干滤纸过滤,滤液即为稀释 10 倍的无蛋白血滤液,即每毫升无蛋白滤液相当于 0.1 ml 全血(注意:漏斗及盛滤液容器都必须干燥);或离心,取上清液。

2. 血糖的测定　取血糖管 2 支，标明测定管及标准管，按表 11 - 1 操作：

表 11 - 1

试　　剂	测定管	标准管
血滤液（ml）	2	—
标准葡萄糖溶液（ml）	—	2
碱性铜试剂（ml）	2	2
以上两管置于沸水中煮 8 分钟，取出后浸于冷水内 2 分钟，切勿摇动		
磷钼酸试剂（ml）	2	2
蒸馏水（ml）	19	19

颠倒混匀后在 420 nm 处进行比色，以蒸馏水调节零点读取各管吸光度。

【计算】

$$\frac{\text{测定管吸光度}}{\text{标准管吸光度}}\times 0.2\times 2\times\frac{100}{0.2}=(\text{mg}/100\ \text{ml})$$

按上式计算 100 ml 全血中所含血糖的含量。

二、邻甲苯胺法

【原理】

血中葡萄糖与邻甲苯胺试剂共热，葡萄糖在热醋酸溶液中脱水生成羟甲基糠醛（或称 5-羟甲基-2-呋喃甲醛），后者能与邻甲苯胺缩合生成蓝绿色的 Schiff 碱，其颜色的深浅与葡萄糖含量成正比，再与同样处理的葡萄糖标准比色，或用葡萄糖标准曲线即可求得待测血样中葡萄糖含量。

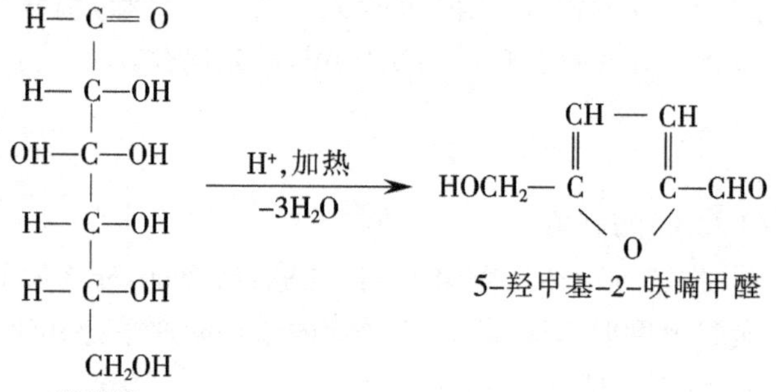

葡萄糖　　5-羟甲基-2-呋喃甲醛

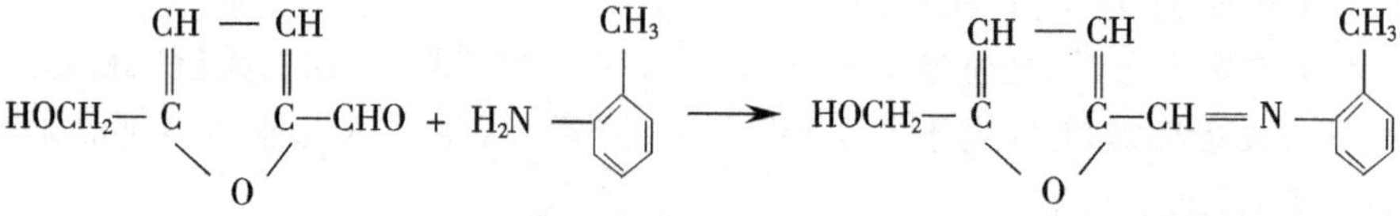

邻甲苯胺　　Schiff碱（蓝绿色）

【器材】

三角烧瓶　吸管　血糖管　水浴锅　比色计

【试剂】

1. 标准葡萄糖溶液　溶解 1.0 g 无水葡萄糖于饱和苯甲酸水溶液中配成 100 ml 溶液。使用时,按需要量取出,加水稀释 10 倍,即得 1.0 mg/ml 纯葡萄糖的稀释液(原液可久藏,稀释液可用两周)。

2. 邻甲苯胺试剂　冰醋酸 880 ml,加入硫脲 1.5 g 使之溶解,再加邻甲苯胺 80 ml,混匀,最后加入饱和硼酸溶液(约 6％水溶液)40 ml,混匀,置棕色瓶中于冷暗处保存。

3. 饱和硼酸溶液　取硼酸 6 g 溶于 100 ml 蒸馏水中,摇匀,放置过夜,取上清液备用。

【操作】

1. 取三支试管按表 11－2 操作:

表 11－2

试剂	标准管	测定管	空白管
血清(ml)	—	0.1	—
葡萄糖标准液(ml)	0.1	—	—
邻甲苯胺试剂(ml)	—	—	0.1
水(ml)	5.0	5.0	5.0

2. 混匀,各管置沸水浴中加热 10 分钟。取出置冷水中冷却,30 分钟内于 630 nm 处进行比色。以空白管校正零点,记录各管吸光度值。

【计算】

$$\frac{测定管吸光度}{标准管吸光度} \times 0.1 \times \frac{100}{0.1} = (mg/100\ ml)$$

正常值:60～100 mg％。

【注】　本法只有醛糖起反应而酮糖不起反应,因此测定的是"真正的糖",其正常值较 Folin-Wu 法(80～120 mg/100 ml)低。

三、葡萄糖氧化酶法

【原理】

葡萄糖氧化酶(GOD)利用空气和水催化葡萄糖分子中的醛基氧化,生成葡萄糖酸并释放过氧化氢。过氧化物酶(POD)在有氧受体时,将过氧化氢分解为水和氧,后者将还原性氧受体 4-氨基安替比林和酚氧化,缩合生成红色醌类化合物。醌的生成量与葡萄糖量成正比。因此,将测定样品与经过同样处理的葡萄糖标准液进行比色,即可计算出血糖的含量。

$$C_6H_{12}O_6 + O_2 \xrightarrow{\text{GOD}} C_6H_{12}O_7 + H_2O_2$$
葡萄糖　　　　　　　　　葡萄糖酸

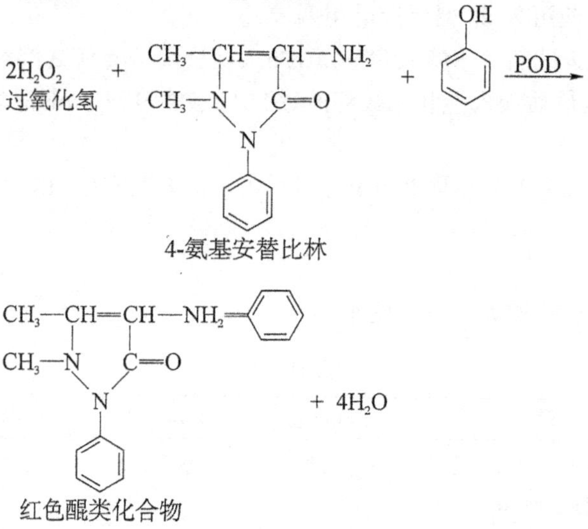

4-氨基安替比林

$+ 4H_2O$

红色醌类化合物

【试剂】

1. 0.1 mol/L 磷酸盐缓冲液 pH 7.0　溶解无水磷酸氢二钠(Na_2HPO_4)8.5 g 及无水磷酸二氢钾(KH_2PO_4)5.3 g 于 800 ml 蒸馏水中,用少量 1 mol/L 氢氧化钠或盐酸调 pH 至 7.0,然后加蒸馏水稀释至 1 000 ml。

2. 酶试剂　葡萄糖氧化酶(GOD)1 200 U,过氧化物酶(POD)1 200 U,4-氨基安替比林 10 mg,叠氮钠 100 mg,加上述磷酸盐缓冲液至 80 ml 左右,调 pH 至 7.0,再加磷酸盐缓冲液至 100 ml,置冰箱可保存 3 个月。(酶试剂现已有市售)。

3. 酚试剂　酚 100 mg 溶于 100 ml 蒸馏水中(酚在空气中易氧化成红色,应放棕色瓶中)。

4. 酶酚混合试剂　上述酶试剂和酚试剂等量混合,放冰箱保存(可保存 1 个月)。

5. 葡萄糖标准储存液　将葡萄糖放 80℃烤箱中干燥至恒重,冷却后称取 2 g,用 0.25% 苯甲酸溶液溶解,移入 100 ml 容量瓶中,并稀释至 100 ml 混匀。

6. 葡萄糖标准应用液(1 mg/ml)　取储存液 5 ml 于 100 ml 容量瓶中,用

0.25%苯甲酸溶液稀释至 100 ml。

【操作】

取小试管 3 支,按表 11-3 操作:

表 11-3

试剂	空白管	标准管	测定管
血清(μl)	—	—	20
葡萄糖标准液(μl)	—	20	—
磷酸盐缓冲液(μl)	20	—	—
酶酚混合试剂(ml)	3	3	3

混匀,37℃水浴 15 分钟,冷却后在 505 nm 处比色,空白管调零点。分别记录各管吸光度值。计算出每升血清中葡萄糖的毫摩尔数。

【计算】

$$葡萄糖(mmol/L)=\frac{样本吸光度(A)}{校准吸光度(A)}×校准液浓度$$

葡萄糖(mg/dl)=mmol/L×18

正常值:3.89~6.10 mmol/L(70~110 mg/100 ml)。

【注】

(1) 本法对葡萄糖特异性较高,能干扰测定结果的物质很少。

(2) 由于温度对本实验影响较大,水浴时应严格控制温度,防止酶活性丧失。

(3) 本法用血量甚微,操作中应直接加标本至试剂中,再吸试剂反复冲洗吸管,以保证结果可靠。

实验 15　脂肪酸 β-氧化

【原理】

在肝脏中,脂肪酸经 β-氧化作用生成乙酰辅酶 A,2 分子乙酰辅酶 A 可缩合生成乙酰乙酸。在肝脏内,乙酰乙酸可脱羧生成丙酮,也可还原生成 β-羟丁酸。乙酰乙酸、β-羟丁酸和丙酮总称为酮体。

本实验用新鲜肝糜与丁酸保温,生成的丙酮在碱性条件下,与碘生成碘仿。反应式如下:

$$2NaOH + I_2 \rightarrow NaOI + NaI + H_2O$$

$$CH_3COCH_3 + 3NaOI \rightarrow CHI_3(碘仿) + CH_3COONa + 2NaOH$$

剩余的碘,可以用标准硫代硫酸钠滴定:

$$NaOI + NaI + 2HCl \rightarrow I_2 + 2NaCl + H_2O$$

$$I_2 + 2Na_2S_2O_3 \rightarrow Na_2S_4O_6 + 2NaI$$

根据滴定样品与滴定对照所消耗的硫代硫酸钠溶液体积之差,可以计算由丁酸氧化生成丙酮的量。

【器材】

锥形瓶 50 ml　移液管　微量滴定管　漏斗　恒温水浴

【试剂】

1. 0.1% 淀粉溶液,0.9% 氯化钠溶液,15% 三氯乙酸溶液,10% 氢氧化钠溶液,10% 盐酸溶液。

2. 0.5 mol/L 丁酸溶液　取 5 ml 丁酸溶于 100 ml 0.5 mol/L 氢氧化钠溶液中。

3. 0.1 mol/L 碘溶液　称取 12.7 g 碘和 25 g 碘化钾溶于水中,稀释到 1 000 ml,混匀,用标准 0.05 mol/L 硫代硫酸钠溶液标定。

4. 标准 0.01 mol/L 硫代硫酸钠溶液　临用时将已标定的 0.05 mol/L 硫代硫酸钠溶液稀释成 0.01 mol/L。

5. 1/15 mol/L pH 7.6 的磷酸盐缓冲液　1/15 mol/L 磷酸氢二钠溶液 86.8 ml 与 1/15 mol/L 磷酸二氢钠溶液 13.2 ml 混合。

【操作】

1. 肝糜的制备　称取肝组织 5 g 置于研钵中,加少量 0.9% 氯化钠溶液,研磨成细浆。再加入 0.9% 氯化钠溶液至总体积为 10 ml。

2. β-氧化作用　取 2 个 50 ml 锥形瓶,各加入 3 ml 1/15 mol/L pH 7.6 的

磷酸盐缓冲液。向其中一个锥形瓶中加入 2 ml 正丁酸,另一个锥形瓶作为对照,不加正丁酸。然后各加入 2 ml 肝组织糜,混匀,置于 37℃恒温水浴中保温。

3. 沉淀蛋白质　保温 1.5 小时后,取出锥形瓶,各加入 3 ml 15％三氯乙酸溶液,在对照瓶内追加 2 ml 正丁酸,混匀,静置 15 分钟后过滤。将滤液分别收集在两个试管中。

4. 酮体的测定　吸取 2 种滤液各 2 ml 分别放入另两个锥形瓶中,再各加 3 ml 0.1 mol/L 碘溶液和 3 ml 10％氢氧化钠溶液。摇匀后,静置 10 分钟。加入 3 ml 10％盐酸溶液中和。然后用 0.01 mol/L 标准硫代硫酸钠溶液滴定剩余的碘。滴定至浅黄色时,加入 3 滴淀粉溶液作为指示剂。摇匀,并继续滴到蓝色消失。记录滴定样品与对照所用的硫代硫酸钠溶液的毫升数,并按下式计算样品中的丙酮含量。

5. 计算　肝脏中的丙酮含量

$$丙酮含量(mmol/g)=(A-B)\times C\times\frac{5}{6}$$

式中:A 为滴定对照所消耗的 0.01 mol/L 硫代硫酸钠溶液的毫升数;

　　　B 为滴定样品所消耗的 0.01 mol/L 硫代硫酸钠溶液的毫升数;

　　　C 为标准硫代硫酸钠溶液的浓度(mol/L)。

实验16 转氨基作用

【原理】

转氨基作用是氨基酸代谢中的一个重要反应,在转氨酶的作用下,氨基酸的氨基转移到 α-酮酸上。每种氨基酸的转氨基反应均由专一的转氨酶催化,转氨酶广泛分布于机体器官、组织。

本实验用纸层析法以茚三酮为显色剂,来观察 α-酮戊二酸与丙氨酸在肝脏谷丙转氨酶催化下进行的转氨基作用。

$$
\begin{array}{ccccc}
\text{COOH} & & \text{} & \text{COOH} & \\
(\text{CH}_2)_2 & & \text{CH}_3 & (\text{CH}_2)_2 & \text{CH}_3 \\
| & & | & | & | \\
\text{C} = \text{O} & + & \text{CHNH}_2 & \text{CHNH}_2 & + \quad \text{C} = \text{O} \\
| & & | & | & | \\
\text{COOH} & & \text{COOH} & \text{COOH} & \text{COOH} \\
\alpha\text{-酮戊二酸} & & \text{丙氨酸} & \text{谷氨酸} & \text{丙酮酸}
\end{array}
$$

转氨酶（在箭头上方）

【器材】

剪刀 培养皿 圆形层析用滤纸 直尺 圆规 铅笔 点样灯 毛细管 水浴锅 水浴箱 电炉 离心机 电吹风

【试剂】

1. 0.01 mol/L pH 7.4 的磷酸盐缓冲液 先配制 0.1 mol/L pH 7.4 的磷酸盐缓冲液,用时稀释 10 倍。

2. 0.1 mol/L 丙氨酸溶液 称取丙氨酸 0.891 g 溶于少量 0.01 mol/L pH 7.4 的磷酸盐缓冲液中,以 1 mol/L NaOH 仔细调节至 pH 7.4 后,用磷酸盐缓冲液加至 100 ml。

3. 0.1 mol/L α-酮戊二酸溶液 称取 α-酮戊二酸 1.461 g 溶于少量 0.01 mol/L pH 7.4 的磷酸盐缓冲液中,以 1 mol/L NaOH 仔细调节至 pH 7.4 后,用磷酸盐缓冲液加至 100 ml。

4. 0.1 mol/L 谷氨酸溶液 称取谷氨酸 0.735 g 溶于少量 0.01 mol/L pH 7.4 的磷酸盐缓冲液中,以 1 mol/L NaOH 仔细调节至 pH 7.4 后,用磷酸盐缓冲液加至 50 ml。

5. 0.5% 茚三酮 称取茚三酮 0.5 g 溶于 100 ml 丙酮。

6. 层析溶剂(正丁醇-80% 甲酸-水:15:3:2 或用酚-水:3:1)。

【操作】

1. 肝匀浆的制备　取新鲜的动物肝脏 15 g,置表面皿中用剪刀剪碎,再移入组织捣碎机中,加入 120 ml 预冷的 0.01 mol/L pH 7.4 的磷酸盐缓冲液,开启组织捣碎机 3 分钟,即得均匀的肝匀浆。

2. 保温　取 10 ml 刻度试管两支,分别标明测定管与对照管,按表 11-4 操作:

表 11-4

试剂	测定管	对照管
肝匀浆(ml)	1 ml	1 ml
保温	37℃水浴保温 10 分钟	沸水浴 10 分钟
丙氨酸溶液(ml)	0.5 ml	0.5 ml
α-酮戊二酸(ml)	0.5 ml	0.5 ml
0.01 mol/L pH 7.4 磷酸盐缓冲液(ml)	0.5 ml	0.5 ml
混匀,两管置 37℃水浴保温 30 分钟		
沸水浴 10 分钟		

冷却后离心(2 500 rpm,5 分钟),上清液按下法进行层析鉴定。

3. 层析

(1) 点样:取直径 11 cm 圆形滤纸一张,用圆规作半径为 1 cm 的同心圆,通过圆心作互相垂直的两条直线,与同心圆相交成四个点(称为原点)分别编上 1、2、3、4 号(图 11-1)。用毛细管点样,在 1、2 两处分别点测定管和对照管内上清液 2～3 滴,注意斑点不可太大(一般直径不超过 0.5 cm),而且每点一滴用电吸风吹干后,再在相同位置点第 2 滴。

在 3、4 处分别加 0.1 mol/L 丙氨酸和 0.1 mol/L 谷氨酸 1 滴,方法同上。

(2) 展层:在滤纸圆心处打一小孔(如铅笔芯大小),剪取同类滤纸 1 cm²,下半剪成须状,卷成圆筒如灯芯,从滤纸背后插入小孔(勿使突出滤纸面)。将层析溶剂注入直径为 3～5 cm 的小培养皿中,小培养皿置于直径为 12 cm 的培养皿中,将滤纸平放在小培养皿上,灯芯浸入溶剂中,将培养皿盖上,可见溶剂沿灯芯上升至滤纸,再向四周扩展,约 40 分钟后,溶剂前沿距离滤纸边缘约 1 cm 时可取出,用铅笔在溶剂前沿处画一条线,在 60℃烘箱中烘干(或用电吹风吹干),具体见图11-2。

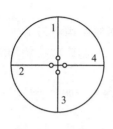

图 11-1　层折点样

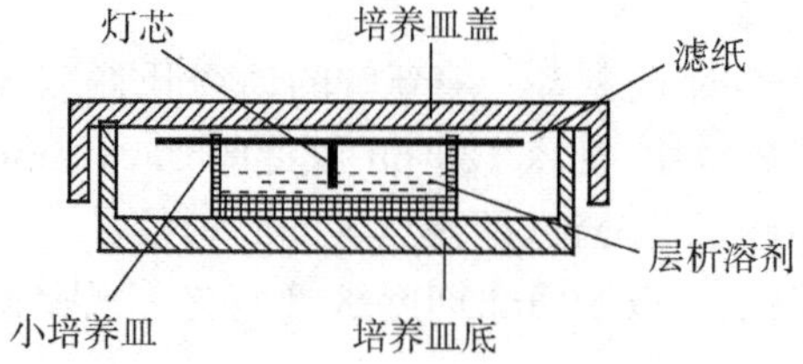

灯芯　　　培养皿盖　　　滤纸

小培养皿　　　培养皿底　　　层析溶剂

图 11-2　展层

4. 显色　将烘干的滤纸平放在清洁的滤纸上,用喷雾器喷上 0.5% 茚三酮丙酮溶液,再放入 60℃烘箱中烘干(或用电吹风吹干),此时可见紫色的同心弧斑出现。比较色斑的位置及色泽深浅,计算 R_f 值,分析实验结果。

5. 计算　测出每个斑点到原点(点样处)的距离及溶剂前沿到原点的距离,按如下公式求其比值 R_f(表 11-5)。

$$R_f = \frac{斑点中心到样品原点的距离(r)}{溶剂前沿到样品原点的距离(R)}$$

表 11-5

	测定管	对照管	丙氨酸	谷氨酸
斑点中心到样品原点的距离 r(cm)				
溶剂前沿到样品原点的距离 R(cm)				
R_f 值				

根据与标准样品的 R_f 值相比较,确定测定管与对照管的氨基酸组成,分析转氨基作用。

【注】

拿滤纸时需手拿边缘,不能折叠或浸湿,以防污染。

第十二章

基因克隆相关技术

实验 17 质粒 DNA 的小量制备

【原理】

质粒是细菌细胞内携带的染色体外的共价闭合环状 DNA,是基因克隆中最常用的载体。在利用质粒载体进行克隆时首先必须学会如何从细菌中高效提取质粒 DNA。碱裂解法提取质粒是根据共价闭合环状质粒 DNA 与线性染色体 DNA 在拓扑学性质上的差异来实现分离的。在 pH 介于 12.0~12.5 这个狭窄的范围内,线性 DNA 双螺旋结构解开而变性,共价闭环质粒 DNA 的氢键也会被断裂,但两条互补链彼此相互盘绕,仍会紧密地结合在一起。当加入 pH 4.8 的乙酸钾高盐缓冲液恢复 pH 至中性时,由于共价闭合环状的质粒 DNA 的两条互补链仍保持在一起,因此复性迅速而准确,而线性染色体 DNA 的两条互补链彼此已完全分开且分子巨大,复性就不会那么迅速和准确,它们缠绕形成网状结构,通过离心,染色体 DNA 与不稳定的大分子 RNA,蛋白质-SDS 复合物等一起沉淀下来而被除去。

【器材】

微量离心管 微量移液器 台式高速离心机

【试剂】

1. 溶液Ⅰ 50 mmol/L 葡萄糖,25 mmol/L Tris-HCl(pH 8.0),10 mmol/L EDTA(pH 8.0)。

2. 溶液Ⅱ 0.2 mol/L NaOH(临用前用 10 mol/L 贮存液现用现稀释),1%SDS。

3. 溶液Ⅲ(pH 4.8) 5 mol/L 乙酸钾 60 ml,冰乙酸 11.5 ml,水 28.5 ml。

4. TE 缓冲液 10 mmol/L Tris-HCl (pH 8.0),1 mmol/L EDTA。高压灭菌 15 磅(103.4 kPa)15 分钟,4℃保存。

5. LB 液体培养基 1%蛋白胨,0.5%酵母提取物,1% NaCl。

6. 10 mg/mL RNase A 溶液　用 TE 配制,100℃ 15 分钟灭活 DNA 酶。

【操作】

1. 接种一含有质粒的单菌落至含 2 ml LB(带有相应抗生素)的试管中,于 37℃剧烈振摇下培养过夜。

2. 取 1.5 ml 培养物至微量离心管中,离心 5 分钟(室温,5 000 rpm),弃上清。将离心管倒扣于滤纸上,使液体尽可能流尽。

3. 所得细菌沉淀重悬于 100 μl 溶液 I 中,剧烈振荡,必须使细菌沉淀在溶液 I 中完全分散,冰上放置 3～5 分钟。

4. 加 200 μl 新配制的溶液 II,盖紧管口,缓慢颠倒离心管 5 次(不要振荡),以混合内容物,将离心管放置于冰上 5 分钟。

5. 加 150 μl 预冷的溶液 III,盖紧管口,轻轻颠倒离心管 5 次,使溶液 III 在黏稠的细菌裂解物中分散均匀,之后将管置于冰上 5 分钟。

6. 4℃,12 000 rpm 离心 10 分钟,转移上清至另一微量离心管中。

7. 加 1 ml 无水乙醇,混匀,−20℃放置 10 分钟。

8. 4℃,12 000 rpm 离心 10 分钟,弃上清。

9. 用 1 ml 70%乙醇洗涤一次,12 000 rpm 离心 1 分钟,弃上清,将离心管倒置于滤纸上,使所有液体流出。

10. 打开盖子,室温静置 10 分钟干燥核酸沉淀。

11. 加 20 μl H_2O 或 TE 溶解沉淀,并加入 RNaseA 酶 1 μl,混匀,取 5 μl 进行下面的酶切实验(如暂时不用,可于 37℃放置 30 分钟后,贮存于−20℃)。

【注】

(1) 溶液 II 中的 SDS 主要是裂解细胞,释放染色体和质粒 DNA;NaOH 使 DNA 变性。溶液 II 作用时间不宜超过 5 分钟,否则质粒 DNA 可发生不可逆变性。

(2) 加入溶液 II 之后的实验操作要轻柔,避免损伤质粒。

(3) 加入溶液 III 可使 pH 迅速恢复到中性,同时溶液中的高浓度盐有利于沉淀 SDS-蛋白复合物;冰浴可降低酸碱中和放热导致的温度升高,使 SDS-蛋白复合物易于沉淀。

(4) 提取的质粒经电泳检测应以超螺旋闭合环状分子为主,无染色体 DNA 和 RNA 条带,酶切验证后大小正确,OD_{260}/OD_{280} 比值达到 1.8。

实验 18　质粒 DNA 的酶切及电泳鉴定

【原理】

限制性核酸内切酶是一类具有严格识别位点,并在识别位点内或附近切割双链 DNA 的脱氧核糖核酸酶。限制性内切酶是分子生物学操作中十分重要的工具酶。DNA 限制性内切酶消化是基因分析中的关键步骤。

特定 DNA 分子的核苷酸顺序是一定的,某种限制性内切酶作用于该 DNA 的位点一定,故所得的 DNA 片段数和片段的大小也一定。通过琼脂糖凝胶电泳或聚丙烯酰胺凝胶电泳分离,以标准 DNA 分子(DNA Marker)作对照,溴化乙锭(EB)或其他 DNA 可用染料染色后,即可知各 DNA 片段移动的位置和距离。

【器材】

恒温水浴箱　电泳仪　水平电泳槽　1.5 ml 离心管　可调移液器　凝胶成像仪

【试剂】

1. 限制性核酸内切酶　如 *Bam*HI、*Xho*I、*Eco*RI 等,−20℃贮存。

2. DNA 分子量标准　商品化的 DL 15 000,由一系列长度不同的线性DNA 组成,−20℃贮存。

3. 50×TAE　Tris 碱 242 g,冰乙酸 57.1 ml,0.5 mol/L EDTA100 ml,加水溶解后定容至 1 000 ml。使用时稀释 50 倍,即为 1×TAE 缓冲液。

4. 溴化乙锭溶液或其他 DNA 染色试剂　称取溴化乙锭 5 mg 溶解于 1 ml 灭菌双蒸水中,4℃避光保存。使用时用水稀释使溴化乙锭终浓度为 $0.5 \sim 1\ \mu g/ml$。

5. 灭菌双蒸水。

6. 10×凝胶加样缓冲液(loading buffer)　0.25%溴酚兰,0.25%二甲苯青FF,40%蔗糖,4℃保存。

【操作】

1. 样品 DNA 的限制性核酸内切酶消化($20\ \mu l$)(表 12-1)

① 在 1.5 ml 的离心管中,加入下列组分($20\ \mu l$):

表 12-1

试剂	单酶切	双酶切
$ddH_2O(\mu l)$	12	11
10×buffer(μl)	2	2

		续表
试剂	单酶切	双酶切
质粒 DNA($\sim$1 μg)(μl)	5	5
*Bam*HI(μl)	1	1
*Xho*I(μl)	0	1

轻轻混匀,瞬时离心,37℃保温 1～2 小时。

② 在 65℃加热 5 分钟或用适量的 0.5 mol/L EDTANa$_2$ 终止反应(可省略)。

2. DNA 酶切片段的电泳分离

① 称 1 g 琼脂糖粉溶于 100 ml 1×TAE 中,微波炉中加热熔化,冷却至 50℃左右倒入制胶槽中,插入样品梳。

② 待胶充分凝固后拔出样品梳,将凝胶板放入电泳槽中,加入 1×TAE 为电泳缓冲液,使液面略高于凝胶。

③ 取 20 μl 酶切产物与 2 μl 10×loading Buffer 混匀,全部加入凝胶板的样品孔中,同时设未酶切的质粒和 DNA 相对分子质量标准为对照。

④ 在 100 V 电压下电泳 30～40 分钟。

⑤ 将凝胶轻轻滑入 EB 或其他 DNA 染色试剂中,染色 20～30 分钟。

⑥ 凝胶成像仪下观察 DNA 区带。

【注】

(1) 分子克隆是微量操作技术,DNA 样品与限制性内切酶的用量都极少,必须严格注意吸样量的准确性并确保全部加入反应体系中。

(2) 要注意酶切时加样的次序,一般次序为水、缓冲液、DNA 各项试剂,最后才加酶液。取液时,枪头要从溶液表面吸取,以防止枪头沾去过多的液体与酶。待用的内切酶要放在冰浴内,用后盖紧盖子,立即放回−20℃冰箱,防止限制性内切酶的失活。

(3) 凡用在酶切反应中的一切塑料器皿(Eppendorf 管,Tip 头等),都要先湿热灭菌,然后置 50℃温箱烘干。使用前打开包装,用镊子夹取,不直接用手去拿,严防手上杂酶污染。

(4) 多数限制酶的反应温度为 37℃,但有例外,因此须确保反应在该酶的最适温度下进行。

(5) 当样品在 37℃及以上温度保温时,要注意:

① 防止因盖子未盖严密使水汽进入管内,使反应溶液体积大量增加,造成实验失败。

② 防止由于标签脱落,分不清样品类型。

③ 由于温差原因,往往在盖上有水汽,因此样品酶切完毕或中间取样电泳要离心 2 秒,以将管内溶液收集到管底,否则会发现酶切后体积少。

(6) 溴化乙锭有致癌风险,操作时应戴手套,并避免污染实验台面和环境。

(7) 一定电场强度和胶浓度下,DNA 迁移速度与大小、形状有关。相同大小的 DNA 分子迁移速度通常为超螺旋闭合环状>线性>开环。

实验 19　PCR 技术扩增性别决定基因 SRY

【原理】

多聚酶链式反应（polymerase chain reaction，PCR）的原理类似于 DNA 的体内复制过程。设计与待扩增的 DNA 片段两侧互补的一对寡核苷酸引物，经变性、退火和延伸 n 个循环后，理论上目标 DNA 能被扩增 2^n 倍。

性别决定基因（sex-determining region of Y chromosome，SRY）指 Y 染色体上具体决定生物雄性性别的基因片段，可诱导未分化的性腺形成睾丸。用 PCR 方法扩增该基因，以管家基因 GAPDH 为内参，若能扩增出 SRY 基因片段，即可判断为男性，否则为女性。

【器材】

PCR 仪　琼脂糖凝胶电泳系统　灭菌离心管　可调移液器　台式冷冻高速离心机

【试剂】

1. 50×TAE 缓冲液　称取 Tris 碱 24.2 g，5.7 ml 冰醋酸，0.5 mol/L EDTA 10 ml，溶于蒸馏水中，定溶至 100 ml。使用时稀释 50 倍，即为 1×TAE 缓冲液。

2. 10×凝胶加样缓冲液　0.25% 溴酚兰，0.25% 二甲苯青 FF，40% 蔗糖，4℃保存。

3. 4. 溴化乙锭溶液或其他 DNA 染色试剂　称取溴化乙锭 5 mg 溶解于 1 ml 灭菌双蒸水中，4℃避光保存。使用时用水稀释使溴化乙锭终浓度为 $0.5\sim1\ \mu g/ml$。

4. SRY 引物　　CTAGACCGCAGAGGCGCCAT
　　　　　　　　TAGTACCCACGCCTGCTCCGG

5. GAPDH 引物　CTGGGACGACATGGAGAAAA
　　　　　　　　AAGGAAGGCTGGAAGAGTGC

6. 细胞裂解液　10×PCR 缓冲液 100 μl、Mg^{2+} 80 μl、蛋白酶 K（20 mg/ml）1 μl、ddH_2O 819 μl 混匀，−20℃保存。

7. Taq DNA 聚合酶。

8. dNTP 混合物。

9. 10×PCR 缓冲液。

【操作】

1. 毛囊 DNA 提取　取带有毛囊的毛发两根置于 PCR 反应管中,用洁净剪刀剪去多余毛发(高于 PCR 管的毛发部分)。用 $200\ \mu l\ 70\%$ 乙醇洗涤 1 次,然后用 $200\ \mu l$ 蒸馏水冲洗毛发 2 次。加入 $20\ \mu l$ 裂解液,在 PCR 仪中进行如下反应:$65℃,30$ 分钟;$95℃,15$ 分钟;$4℃,10$ 分钟。此裂解液作为毛发基因 PCR 的模板备用。

2. 按以下次序,将各成分在 0.5 ml 灭菌离心管内混合($25\ \mu l$)(表 12 - 2):

表 12 - 2

试剂	对照管	样品管
$ddH_2O(\mu l)$	16.1	16.1
$10×PCR$ 缓冲液(μl)	2.5	2.5
$Mg^{2+}(\mu l)(10\ mM)$	0.4	0.4
dNTPs(10 mM)(μl)(终浓度为 0.2 mmol/L)	1	1
GAPDH-F(10 μM)(μl)(终浓度为 1 $\mu mol/L$)	1	0
GAPDH-R(10 μM)(μl)(终浓度为 1 $\mu mol/L$)	1	0
SRY-F(10 μM)(μl)	0	1
SRY-R(10 μM)(μl)	0	1
模板 DNA(μl)(1~2 ng)	2	2
Taq DNA 聚合酶(μl)	1	1

3. 轻轻混匀后瞬时离心使液体集中于管底。

4. 在 PCR 热循环仪中按以下程序进行 PCR 反应:$95℃$预变性 5 分钟;$95℃$变性 40 秒,$55℃$退火 40 秒,$72℃$延伸 40 秒,进行 30 个循环;$72℃$保温 5 分钟,降温至 $4℃$直至取出进行下一步反应或 $-20℃$冰箱保存。

5. 称取 1.5 g 琼脂糖粉末,加入 100 ml $1×TAE$,置微波炉中熔化,稍等冷却,倒入制胶槽中,充分凝固后拔出样品梳。

6. 将凝胶板放入电泳槽,加入 $1×TAE$ 缓冲液,使液面略高于凝胶。

7. 从反应混合液中取出 DNA 扩增产物 $10\ \mu l$ 并加 $1\ \mu l\ 10×$凝胶加样缓冲液,混匀后全部加入凝胶板的样品孔中,同时加 DNA 相对分子质量标准作参照。

8. 电压 100 V 电泳 30~40 分钟。

9. 将凝胶轻轻滑入染色液,染色 20~30 分钟。

10. 取出凝胶,用水稍漂洗。凝胶成像仪中观察 DNA 区带。

【注】

(1) PCR 反应非常灵敏,极微量的 DNA 污染可能导致实验结果出现假阳性。因此要求洁净的实验环境,所有缓冲液、吸头和离心管使用前必须经过高压处理。

(2) 一旦进入 PCR 专用场所并开始工作,应及时更换新手套,并在实验过程经常更换。

(3) 准备专供自己使用的成套试剂,分装为小份,而且最好在靠近工作台的冰箱中设立专门位置来保存。这些试剂不得用于其他用途。配制这些试剂时,要用从未接触过实验室内任何 DNA 的新玻璃用具、塑料用具和移液器。使用后便将这一小份全部废弃,不得重新置存。

(4) 装有 PCR 试剂的微量离心管打开之前,应先在专用工作台内的微量离心机上作瞬时离心(10 秒),这样可使液体沉积于管底,从而减少污染手套或加样器的机会。

(5) 将模板 DNA 加入 PCR 系统时,注意切勿形成喷雾,否则可能污染别的反应。非即用管都应盖严。拿过模板 DNA 管后应更换手套。

(6) 必须设置一个不含模板 DNA 但含有 PCR 系统中所有其他成分的对照反应。

(7) 要注意辨别反应缓冲液是否含有 $MgCl_2$。如果缓冲液中不含有 $MgCl_2$,需另外加,一般 $MgCl_2$ 终浓度为 1.5 mmol/L。不同的 PCR 反应所需的浓度不同。

第十三章

临床生化

实验 20　血清甘油三酯的抽提和测定

【原理】

血清中的甘油三酯(简称 TG)经正庚烷-异丙醇混合剂抽提后,用氢氧化钾溶液皂化,并进一步用过碘酸钠试剂氧化甘油成甲醛,甲醛与乙酰丙酮及氨试剂反应形成黄色的 3,5-二乙酰-1,4-双氢-2,6-二甲基吡啶,与同样处理的标准液比色后计算,即得血清中甘油三酯的含量。

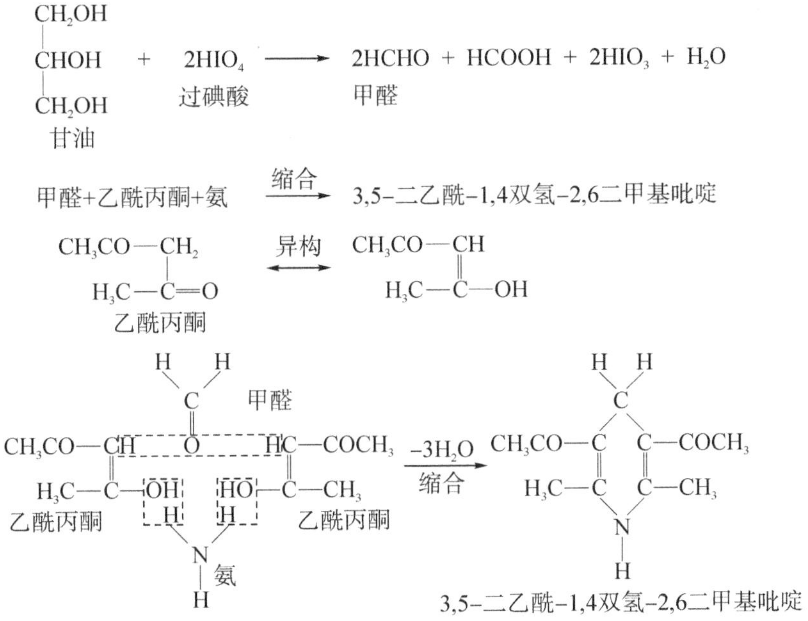

$$\begin{array}{c} CH_2OH \\ CHOH \\ CH_2OH \end{array} + 2HIO_4 \longrightarrow 2HCHO + HCOOH + 2HIO_3 + H_2O$$

甘油　　过碘酸　　　甲醛

甲醛+乙酰丙酮+氨 $\xrightarrow{\text{缩合}}$ 3,5-二乙酰-1,4双氢-2,6二甲基吡啶

$$CH_3CO-CH_2 \quad \xrightarrow{\text{异构}} \quad CH_3CO-CH$$
$$H_3C-C=O \qquad\qquad H_3C-C-OH$$

乙酰丙酮

3,5-二乙酰-1,4双氢-2,6二甲基吡啶

【器材】

试管　可调移液器　分光光度计　水浴箱

【试剂】

1. 抽提剂　正庚烷/异丙醇：2∶3.5(V/V)。

2. 0.04 mol/L 硫酸溶液。

3. 异丙醇。

4. 皂化试剂　取 6.0 g 氢氧化钾溶于 60 ml 蒸馏水中,加异丙醇 40 ml 混合,置棕色瓶中保存。

5. 氧化试剂　取 650 mg 过碘酸钠溶于 500 ml 蒸馏水中,加入 77 g 醋酸铵、60 ml 冰醋酸,最后加水至 1 000 ml,置棕色瓶中保存。

6. 乙酰丙酮试剂　取 0.4 ml 乙酰丙酮加到 100 ml 异丙醇中,混匀,置棕色瓶中保存。

7. 标准液

贮存液(10 mg/ml):取三油酸甘油酯 1.0 g 于 100 ml 容量瓶中加抽提剂至刻度处。

应用液(1 mg/ml):将贮存液用抽提剂稀释 10 倍置 4℃冰箱中保存。

【操作】

取试管 3 支并编号,按表 13-1 操作:

表 13-1

试剂	测定管	标准管	空白管
血清(ml)	0.2	—	—
标准应用液(ml)	—	0.2	—
蒸馏水(ml)	—	—	0.2
抽提剂(ml)	2.5	2.5	2.5
0.04 mol/L 硫酸溶液(ml)	0.5	0.5	0.5
充分摇匀,剧烈振摇 15 秒,静置分成两层后,准确吸取 0.3 ml 上层液至另一对应的试管中(编好相应的记号,不可吸进下层液)			
异丙醇(ml)	1.0	1.0	1.0
皂化试剂(ml)	0.3	0.3	0.3
混匀,置 65℃水浴箱中 3 分钟(或 56℃6 分钟)			
氧化剂(ml)	1.0	1.0	1.0
乙酰丙酮(ml)	1.0	1.0	1.0

充分混匀,置 65℃水浴箱中 15 分钟(或 56℃25 分钟),取出冷却,用 722 型分光光度计,420 nm 波长处比色,以空白管校正零点。

【计算】

$$\frac{测定管吸光度}{标准管吸光度}\times 0.2\times\frac{100}{0.2}=(mg/100\ ml)$$

正常值:140 mg/100 ml。

【临床意义】

1. 甘油三酯增高的原因

(1) 原发性脂质代谢异常:主要见于家族性脂质代谢紊乱。

(2) 继发性脂质代谢异常:饥饿与高脂肪饮食后,病理可见于原发性高脂血症、动脉硬化性心脏病、肥胖病、糖尿病、胰腺炎、肾病综合征、甲状腺功能减退等。

2. 甘油三酯降低 可见于 β-脂蛋白原发性缺乏症,并可继发于甲状腺功能亢进、肾上腺皮质功能不全、重度肝疾患、消化吸收不全、癌晚期恶病质者及应用肝素等药剂后。

实验 21 血清谷丙转氨酶测定

【原理】

血清谷丙转氨酶作用于丙氨酸及 α-酮戊二酸组成的基质,结果产生谷氨酸和丙酮酸。丙酮酸可与 2,4-二硝基苯肼作用形成丙酮酸二硝基苯腙,此物在碱性溶液中显红棕色,与经同样处理的丙酮酸标准液比色,根据生成丙酮酸的量表示酶的活性。

丙酮酸　　　　　　2,4-二硝基苯肼　　　　丙酮酸二硝基苯腙

转氨酶广泛存在于组织细胞中,正常人血清中含量不多,但当细胞病变时(如传染性肝炎),此酶即释放入血,因而血中含量增加。

【试剂】

1. 0.1 mol/L 磷酸盐缓冲液(pH 7.4)　称取磷酸二氢钾 2.68 g,磷酸氢二钾 13.97 g 加水溶解后移至 1 000 ml 容量瓶中,加蒸馏水至刻度,贮于 4℃冰箱备用。

2. 基质液　丙氨酸 1.79 g,α-酮戊二酸 29.2 mg,先溶于约 50 ml 磷酸盐缓冲液中,然后以 1 mol/L NaOH 校正至 pH 7.4,再以磷酸盐缓冲液稀释至 100 ml。贮于 4℃冰箱不宜超过三天。

3. 丙酮酸标准液(100 μg/ml)　称取已干燥至恒重的丙酮酸钠 12.64 mg,置于 100 ml 容量瓶中,以 pH 7.4 磷酸盐缓冲液稀释至刻度,此液必须临用前配制。

4. 2,4-二硝基苯肼(0.02%)　称取 2,4-二硝基苯肼 20 mg,溶于 10 ml 10 mol/L HCl 中。溶解后再加蒸馏水至 100 ml。

5. 0.4 mol/L NaOH 溶液。

【器材】

试管和吸管　水浴箱　分光光度计

【操作】

取试管四支,并编号,按表 13-2 操作:

表 13 - 2

试剂	标准管	标准空白	测定管	测定空白
丙酮酸标准液(ml)	0.1	—	—	—
新鲜血清(ml)	—	—	0.1	0.1
基质液(ml)	0.5	0.5	0.5	—
磷酸盐缓冲液(ml)	—	0.1	—	—
前三管置于 37℃水浴箱内 30 分钟后取出				
2,4-二硝基苯肼(ml)	0.5	0.5	0.5	0.5
基质液(ml)	—	—	—	0.5
充分混合,四管皆置于 37℃水浴箱中 20 分钟后取出				
0.4 mol/L NaOH(ml)	5	5	5	5

静置 10 分钟后,在 520 nm 波长处进行比色,以蒸馏水校正零点后,测定各管吸光度。

【计算】

本法所规定的谷丙转氨酶活性单位定义是:以 1 ml 血清在 37℃与基质作用 30 分钟产生 2.5 μg 丙酮酸为一个谷丙转氨酶单位。计算时,必须先算出 0.1 ml 血清在 37℃下所产生的丙酮酸的微克数,即公式(1),再根据其单位定义,换算为每毫升血清所含有的谷丙转氨酶活力单位,即公式(2)。

$$\frac{测定管吸光度-测定空白管吸光度}{标准管吸光度-标准空白管吸光度} \times 10 = (\mu g/0.1\ ml) \tag{1}$$

$$\frac{微克数}{2.5} \times \frac{1}{0.1} = 谷丙转氨酶(U/ml) \tag{2}$$

【临床意义】

1. 急性黄疸肝炎阳性率 100%,可高达 1 000～2 000 U;无黄疸型肝炎早期及活动期阳性率也可高达 80%～90%,但活性稍低于黄疸型,升高期也较短,往往不久即恢复正常。

2. 慢性肝炎、肝硬化、肝癌在明显活动期升高,但阳性率较低。

3. 慢性胆囊炎急性发作、急性胰腺炎、阻塞性黄疸等也有轻度增高。

4. 药物中毒、肝细胞坏死时明显增高。

【注】

(1) 本法正常值:谷丙转氨酶 2～40 活力单位(U)。

(2) 2,4-二硝基苯肼与丙酮酸的颜色反应并不是特异性的,α-酮戊二酸以及 2,4-二硝基苯肼本身均能在反应中显色,因此直接显色法的空白颜色较深,常在吸光度 0.18 左右。

第十四章

综合实验

实验22 碱性磷酸酶的分离纯化及比活性测定

一、碱性磷酸酶的分离纯化

【原理】

本实验采取有机溶剂沉淀法从肝组织匀浆液中分离提取碱性磷酸酶（AKP或 ALP）。利用乙醇、丙酮、正丁醇等有机溶剂可以降低酶蛋白的溶解度，使酶蛋白沉淀析出。此类有机溶剂也溶解于水，与水分子结合导致蛋白质的脱水作用，进一步加强酶蛋白沉淀析出。

在制备肝匀浆时采用低浓度醋酸钠，可以达到低渗破膜的作用，而醋酸镁则有保护和稳定 AKP 的作用。匀浆液中加入正丁醇能使部分杂蛋白变性，再通过过滤，可以除去变性杂蛋白。含有 AKP 的滤液可再进一步用冷丙酮和冷乙醇进行分离纯化。根据 AKP 在终浓度 33％的丙酮或终浓度 30％的乙醇中是溶解的，而在终浓度 50％的丙酮或终浓度 60％的乙醇中是不溶解的性质，采用离心的方法分离提取，可使 AKP 得到部分纯化。

因为在室温下有机溶剂能使大多数酶失活，因此要注意分离纯化必须在低温下进行。有机溶剂应预先冷却，加入有机溶剂时要慢慢滴加，并充分搅拌，避免局部浓度过高或者释放大量的热量，以致酶蛋白变性。有机溶剂法析出的沉淀一般容易在离心时沉降，因此可采用短时间离心以分离沉淀，并立即将沉淀溶于适量的冷水或缓冲液中，以避免酶活力的丧失。

另外，利用有机溶剂进行分离时，除应注意 pH 及蛋白质浓度外，溶液的离子强度也是一个重要因素，一般在离子强度 0.05 或稍低为最好。

【器材】

分光光度计　台式离心机　恒温水浴箱　匀浆器

【试剂】

1. 0.5 mol/L 醋酸镁溶液　称取醋酸镁 107.25 g 溶于蒸馏水中，定容至1 000 ml。

2. 0.1 mol/L 醋酸钠溶液　称取醋酸钠 8.2 g 溶于蒸馏水中,定容至1 000 ml。

3. 0.01 mol/L 醋酸镁- 0.01 mol/L 醋酸钠溶液　取 0.5 mol/L 醋酸镁 20 ml以及 0.1 mol/L 醋酸钠 100 ml,混合后加蒸馏水定容至 1 000 ml。

4. 丙酮(分析纯)

5. 95％乙醇(分析纯)

6. Tris 缓冲液(pH 8.8)　称取 Tris 12.1 g,用蒸馏水溶解成 1 000 ml,为 0.1 mol/L Tris 液,取 0.1 mol/LTris 液 100 ml,加 0.5 mol/L 醋酸镁 20 ml,加蒸馏水 800 ml,再用 1％醋酸调节 pH 至 8.8,然后用蒸馏水定容至 1 000 ml。

【操作】

2 g兔肝剪碎

置于玻璃匀浆管中,加0.01M醋酸镁-0.01M醋酸纳溶液 4 ml,在匀浆器上匀浆。倒入刻度离心管中,加2 ml 0.01M醋酸镁-0.01M醋酸纳溶液,清洗匀浆器,也倒入刻度离心管中,记录体积(A液)(约8 ml)。吸出A液 0.1ml置于另一试管,在此试管中加4.9 ml pH 8.8 Tris缓冲液(A管),待测比活性用。

肝匀浆

A液中加2 ml正丁醇,用玻棒充分搅拌 3~5 分钟。随后室温放置30分钟。单层滤纸过滤,滤液中加等体积冷丙酮,混匀,2 000 rpm离心5分钟。

上清液（弃去） 沉淀

加0.5M醋酸镁4ml(B液),取B液0.1ml置于另一试管中,加4.9ml pH8.8 Tris缓冲液（B管）,待测比活性用。B液中加95%冷乙醇至30%（0.46体积）,混匀,2 000 rpm离心5分钟。

沉淀（弃去） 上清液

加95% 冷乙醇至60%（0.85体积）,混匀,2 500 rpm离心5分钟。

上清液（弃去） 沉淀

加0.5M醋酸镁4ml溶解（C液）,取C液0.1ml置于另一试管中,加4.9ml pH8.8Tris缓冲液（C管）,待测比活性用。加冷丙酮至33%（0.5体积）,2 000 rpm离心5分钟。

沉淀（弃去） 上清液

加冷丙酮至50%（0.34体积）,3 000 rpm离心10分钟。

上清液（弃去） 沉淀

加5ml pH8.8 Tris缓冲液,2 000 rpm离心5分钟。

沉淀（弃去） 上清液(D液,含部分纯化酶),取D液0.5ml置于另一试管中,加2 ml pH 8.8 Tris缓冲液（D′管）,待测比活性用。

加入有机溶剂计算公式：

设加入 x ml 95％乙醇，则：

$$x = \frac{原体积 \times 浓度差}{溶剂浓度 - 最终浓度}$$

1. 加至 30％浓度

$$（原体积 V + x）\times 30\％ = 95\％ \times x$$

$$x = \frac{0.3 V}{0.95 - 0.30}$$

2. 从 30％加到 60％浓度

$$（原体积 V + x）\times 60\％ - （原体积 V \times 30\％）= 95\％ \times x$$

$$x = \frac{(0.6 - 0.3)V}{0.95 - 0.60}$$

丙酮浓度计算同上。

二、碱性磷酸酶的比活性测定

【原理】

比活性是指单位重量的蛋白质样品中所含的酶活性单位。因此，随着酶被逐步纯化，其比活性也随之逐步升高，所以测定酶的比活性可以鉴定酶的纯化程度。

根据国际酶学委员会的规定，酶的比活性用每毫克蛋白质具有的酶活性单位来表示。因此测定样品的比活性必须测定：① 每毫升样品中的蛋白质毫克数；② 每毫升样品中的酶活性单位数。

本实验测定碱性磷酸酶提取纯化过程各阶段的得率及比活性的提高倍数。其中碱性磷酸酶活性用磷酸苯二钠法测定，即以磷酸苯二钠为底物，被碱性磷酸酶水解后产生游离酚和磷酸盐，酚在碱性溶液中与 4-氨基安替比林作用，经铁氰化钾氧化，可生成红色的醌衍生物，根据红色的深浅就可测定酚的含量，从而计算出酶的活性大小。

反应如下：

磷酸苯二钠 + H_2O →(碱性磷酸酶) 酚 + $HO-P$

磷酸苯二钠　　　　　　　　　　　　　　　酚

酚 + 4-氨基安替比林 →($K_3Fe(CN)_6$ 碱性条件) 醌衍生物

酚　　4-氨基安替比林　　　　　　　　　　醌衍生物

酶活性单位表示:每毫升酶液在 37℃ 下保温 15 分钟产生 1 μg 酚为 1 个酶活性单位。样品中的蛋白质含量用 Lowry 法测定(见实验 5)。

【器材】

722 分光光度计　台式离心机　恒温水浴箱

【试剂】

1. 0.01 mol/L 基质液　称取磷酸苯二钠($C_6H_5PO_4Na_2·2H_2O$)6 g,4-氨基安替比林 3 g,分别溶于煮沸冷却后的蒸馏水中。两液混合并定容至 1 000 ml,加 4 ml 氯仿防腐,盛于棕色瓶中,4℃ 冰箱内保存,可用一星期。临用时将此液与等量 0.1 mol/L pH 10 的碳酸盐缓冲液混合即可。

2. 酚标准液(0.1 mg/ml)

3. 0.1 mol/L pH 10 碳酸盐缓冲液　称取无水碳酸钠 3.18 g 及碳酸氢钠 1.68 g 溶解于蒸馏水中,定容至 500 ml。

4. 碱性溶液　量取 0.5 mol/L NaOH 溶液与 0.5 mol/L $NaHCO_3$ 溶液各 20 ml,混合后加蒸馏水至 100 ml。

5. 0.5% 铁氰化钾溶液　称取铁氰化钾 5 g 和硼酸 15 g,各溶于 400 ml 蒸馏水中,溶解后两液混合,再加蒸馏水至 1 000 ml,置棕色瓶中暗处保存。

6. 0.1 mol/L 醋酸镁溶液　称取醋酸镁 21.45 g 溶于蒸馏水中,稀释至 1 000 ml。

7. Tris 缓冲液(pH 8.8)同上。

【操作】

1. 样品中碱性磷酸酶活性测定:

(1) 取试管 5 支,编号,按表 14-1 操作:

表 14－1

试剂	A′	B′	C′	D′	标准	空白
各阶段稀释液(ml)	0.1	0.1	0.1	0.1	—	—
0.1 mg/ml 酚标准液(ml)	—	—	—	—	0.1	—
pH 8.8 Tris 缓冲液(ml)	—	—	—	—	—	0.1
置 37℃水浴中保温 5 分钟						
基质液(ml)	3.0	3.0	3.0	3.0	3.0	3.0

混匀,37℃水浴中保温 15 分钟。保温结束后,各管立即加入 1.0 ml 碱性溶液终止反应,再加入 0.5％铁氰化钾 2.0 ml,立即混匀,静置 10 分钟,在 520 nm 波长处比色测定。

2. 酶活性单位计算

$$每毫升酶液中酶活性单位 = \frac{测定\,OD}{标准\,OD} \times 标准管中酚含量 \times \frac{1}{0.1} \times 稀释倍数$$

3. 样品中蛋白质含量的测定

(1) 测定蛋白质时,保留的 A′管还需稀释 5 倍为 A″管,否则蛋白质浓度太高,其余各管不需再稀释,各用 1.0 ml 进行测定。

表 14－2

试剂	A″	B′	C′	D′	空白
各阶段稀释液(ml)	1.0	1.0	1.0	1.0	—
pH 8.8Tris 缓冲液(ml)	—	—	—	—	1.0
试剂甲(ml)	5.0	5.0	5.0	5.0	5.0
混匀,置 20～25℃水浴中保温 10 分钟					
试剂乙(ml)	0.5	0.5	0.5	0.5	0.5

(2) 立即振摇均匀,在 20～25℃保温 30 分钟后,于 650 nm 波长处比色。

(3) 蛋白质浓度计算:从 Lowry 法标准曲线查得的蛋白质毫克数,乘以稀释倍数,即为每毫升样品中蛋白质毫克数。

4. 比活性及得率计算

碱性磷酸酶比活性＝每毫升样品中碱性磷酸酶活性单位数/每毫升样品中蛋白质毫克数

纯化倍数＝各阶段比活性数/匀浆(A)液比活性数

得率＝各阶段酶的总活性单位/匀浆（A液）中的酶的总活性单位×100%

5. 实验结果　将上述各实验计算结果填入表 14-3 内：

表 14-3

分离阶段	总体积（ml）	蛋白质浓度（mg/ml）	总蛋白（mg）	每毫升酶活性单位（U/ml）	总活性单位（U）	比活性（U/mg）	纯化倍数	得率（%）
匀浆（A液）								
第一次丙酮沉淀（B液）								
第二次乙醇沉淀（C液）								
第三次丙酮沉淀（D液）								

【注】

（1）各步加入有机溶剂量要准确。否则会影响整个实验结果。

（2）有机溶剂应预先冷却到－10～15℃。

（3）加入有机溶剂时要慢慢滴加，充分搅拌，避免局部浓度过高而引起升温和变性。

（4）加入有机溶剂混匀后不宜放置过久，应立即离心。

（5）采用短时间离心以析出沉淀，而且最好立即将沉淀溶于适量的缓冲液中，以避免酶活力的丧失。

（6）凡弃去上清液中含有丙酮及乙醇者均需倒入回收瓶中回收。

实验 23 胰岛素和肾上腺素对血糖浓度的影响

【原理】

人和动物的血糖浓度均受各种激素调节而维持恒定,其中胰岛素的作用主要是促进肝脏和肌肉将葡萄糖合成糖原,并加强糖的氧化作用,故可降低血糖及增高糖原含量。肾上腺素的作用主要是促进肝糖原分解,故可增高血糖及降低糖原含量。

本实验观察家兔在注射胰岛素和肾上腺素前后的血糖浓度变化。

【器材】

注射器及针头 消毒酒精及棉球 剪刀 水浴锅 血糖管

【试剂】

1. 邻甲苯胺试剂 取邻甲苯胺约 500 ml(无变色),加入盐酸羟胺(化学纯)0.5 g,置于 50～60℃ 水浴中保温 20 分钟,间歇振摇,密闭避光贮存备用。使用时,取硫脲(化学纯)0.15 g 溶于 88.0 ml 冰醋酸 (分析试剂)后,加入 8.0 ml 经过上述处理的邻甲苯胺,再加入饱和硼酸溶液 4 ml 混匀,贮于棕色瓶中。

2. 饱和硼酸溶液 称取硼酸 6 g 溶于 100 ml 蒸馏水中,摇匀,放置一夜,取上清液备用。

3. 5% 三氯醋酸溶液。

4. 葡萄糖标准溶液。

(1) 贮存液(1 ml＝10.0 mg):称取干燥无水的葡萄糖(分析纯)1 g,溶于 50 ml饱和苯甲酸溶液中,倒入 100 ml 容量瓶内,用饱和苯甲酸溶液稀释至刻度处。

(2) 应用液(1 ml＝0.1 mg):吸取上述贮存液 1.0 ml 加到 100 ml 容量瓶内,用 3% 苯甲酸溶液稀释至刻度处,置 4℃ 冰箱中可保存二周。

5. 25% 葡萄糖。

6. 1 mg/ml 肾上腺素及胰岛素。

7. 草酸钾(约 2 mg/ml)。

【操作】

1. 动物准备 取正常家兔两只(1.5～2 kg),实验前禁食 24 小时。

2. 取血 从兔腿静脉处取血 2 ml,分别置于含有草酸钾(约 2 mg/ml)的抗凝管内,充分混匀。

3. 注射 取血后,一只兔子皮下注射胰岛素 4 U/kg;另一只兔子皮下注射肾上腺素 0.4 mg/kg，30 分钟后再从静脉取血 2 ml，作血糖测定。在此过程中注意观察家兔心跳、呼吸、表情等各种生理现象变化。

4. 无蛋白血滤液的制备　取 10 ml 离心管 4 支，各管加入 5% 三氯醋酸 9.5 ml，然后分别吸取上述全血各 0.5 ml 随加随摇，混匀放置 5 分钟，2 500 rpm 离心 5 分钟，上清即为相应的无蛋白血滤液。

5. 血糖测定　按实验 14 进行。

6. 结果计算

$$\frac{测定管吸光度}{标准管吸光度} \times 0.1 \times \frac{100}{0.05} = (mg/100\ ml)$$

7. 结果分析　试比较空腹、注射胰岛素与肾上腺素前后的血糖浓度变化。

实验 24　Southern 印迹技术

【原理】

Southern 印迹是指将待测 DNA 片段从琼脂糖凝胶转移到固相支持介质（一般为尼龙膜和硝酸纤维素膜）上,再与标记的核酸探针进行杂交的技术。

杂交可以在体外进行。将核酸从细胞中分离纯化后在体外与探针杂交,也可以在细胞内进行,即原位杂交。由于 DNA 片段在凝胶中所处位置和转移至固相支持介质中的位置相对保持不变,杂交后就能确定与探针互补的核酸片段在凝胶中所处的位置。Southern 印迹基本过程是用一种或多种限制性内切酶消化基因组 DNA,通过琼脂糖凝胶分离所得的 DNA 片段,随后在原位发生变性,并转移至固相支持介质上,进行杂交检测。

Southern 印迹技术主要包括以下过程:基因组 DNA 的分离;限制性酶切及电泳;转膜与固定;探针制备;杂交与检测。

【器材】

瓷盘　电泳转移槽　电泳仪　真空烤箱　放射自显影盒　X 线片　杂交袋　硝酸纤维素滤膜或尼龙膜　滤纸

【试剂】

1. 变性液　称取 87.75 g NaCl,20.0 g NaOH 加水至 1 000 ml。

2. 中和液　0.5 mol/L Tris-HCl (pH 7.0),1.5 mol/L NaCl。

3. 20×SSC　3 mol/L NaCl,0.3 mol/L 柠檬酸钠,用 1 mol/L HCl 调节至 pH 7.0。

4. 0.1 mol/L 磷酸钠(pH 7.0)　将 3.9 ml 1 mol/L 磷酸二氢钠、6.1 ml 1 mol/L磷酸氢二钠和 90 ml 水混合。

以上溶液均在 100 kPa 灭菌 20 分钟。

5. 50×Denhardt's 溶液　5 g Ficoll-40,5 g PVP,5 g BSA 加水至 500 ml,过滤除菌后于 −20℃ 储存。

6. 预杂交溶液　6×SSC,5×Denhardt,0.5% SDS,100 mg/ml 鲑鱼精 DNA,50%甲酰胺。

7. 杂交溶液　预杂交溶液中加入变性探针即为杂交溶液。

【操作】

1. 基因组 DNA 的分离参见实验 11。

2. 限制性酶切及电泳　在 50 μl 体积中酶切 1μg∼10μg 的 DNA,然后在

0.8％琼脂糖凝胶中电泳 12～24 小时(包括 DNA 相对分子质量标准物)。

3. 转膜与固定

(1) 取出凝胶,切去凝胶四周多余部分,并在凝胶的一角做一记号。500 ml 水中加入 25 μl 10 mg/ml 溴化乙锭,将凝胶放置其中染色 30 分钟,在紫外线灯下照相(放一标尺,可从相片中读出 DNA 迁移的距离)。

(2) 依次用下列溶液处理凝胶,并轻微摇动:50 ml 0.2 mol/L HCl 10 分钟,倾去溶液(如果限制性片段>10 kb,酸处理时间为 20 分钟),用水清洗数次,倾去溶液;50 ml 变性溶液两次,每次 15 分钟,使凝胶上的 dsDNA 转变为 ssDNA,倾去溶液;50 ml 中和溶液 30 分钟,将凝胶中和至中性,防止凝胶的碱性破坏硝酸纤维膜(如果使用尼龙膜杂交,本步可以省略)。

(3) 戴上手套,将 1 张待用硝酸纤维素膜和 3 张厚滤纸切成与待转移胶相同大小,并在硝酸纤维素膜一角做一标记。另 1 张厚滤纸切成与凝胶相同宽度,长度(约 18 cm)足以达到转移盒的底部。将待用硝酸纤维素膜用蒸馏水浸湿后,再浸入20×SSC 转移液中。当使用尼龙膜杂交时,该膜用水浸润一次即可,转移时用 0.4 mol/L NaOH 代替 20×SSC。

(4) 将长的滤纸放在转移平台的顶部,滤纸两端达到转移盒的底部,做成虹吸桥。

(5) 将一定量的 20×SSC 倒入转移盒内,并湿润滤纸。将凝胶背面朝上置于滤纸搭成的桥上,凝胶与滤纸间避免有气泡,用保鲜纸封住凝胶四边。

(6) 将浸湿的转移膜置于凝胶的上部,凝胶与膜间避免有气泡。将剩下的 3 张滤纸小心地放在转移膜的上面,把一叠吸水纸(或卫生纸,有 5～8 cm 高,略小于滤纸),放置在滤纸上,在吸水纸上再放一块玻璃板和重约 500 g 的重物,放置过夜(注意不能使转移液干枯)。

(7) 转移结束后,将膜放在 2×SSC 中洗 5 分钟,晾干后在 80℃ 中烘烤 2 小时。注意在使用尼龙膜杂交时,只能空气干燥,不得烘烤。

4. DNA 探针的制备　参照生产商提供的实验方法合成地高辛标记的探针。

5. 杂交与检测

(1) 将滤膜放入含 6～10 ml 预杂交液的密封小塑料袋中,将预杂交液加在袋的底部,前后挤压小袋,使滤膜湿透。在一定温度下(一般为 37～42℃)预杂交 1 小时,弃去预杂交液。

(2) 适量的地高辛标记的探针于 98℃ 水浴中变性 5 分钟,并立即放在冰上 2 分钟。

(3) 在杂交液中加入上述变性探针,混匀。如步骤 1 将混合液注入密封塑料袋中,在与预杂交相同温度下杂交 6～12 小时。

(4) 将杂交液倒出,储存起来可再次使用。

(5) 取出滤膜,依次用下列溶液处理,并轻轻摇动:在室温下,2×SSC-0.1% SDS,15 分钟,两次。在杂交温度下,0.5×SSC-0.1% SDS,15 分钟,两次。

(6) 空气干燥硝酸纤维素滤膜,然后在 X 线片上曝光。通常曝光 1～2 天后可见 DNA 谱带。

【注】

(1) 将凝胶中和至中性时,要测 pH,防止凝胶的碱性破坏硝酸纤维素膜。

(2) 要注意赶走凝胶和滤纸及硝酸纤维素膜之间的气泡。

实验 25　Western 印迹技术

【原理】

Western 印迹法一般由凝胶电泳、样品的印迹和固定、各种灵敏的检测手段如抗体、抗原反应等三大实验部分组成。

1. 生物大分子凝胶电泳分离　蛋白质印迹法的第一步一般是进行蛋白质 SDS-聚丙烯酰胺凝胶电泳，使待测蛋白质在电泳中按相对分子质量大小在胶上排列。

2. 分子区带的转移和固定　第二步就是把凝胶电泳已分离的区带转移并固定到一种特殊的载体上，使之形成稳定的、经得起各种处理并容易检出的，即容易和各自的特异性配体结合的固定化生物大分子。目前用得最多的载体材料是 PVDF 膜（聚偏氟乙烯膜，polyvinylidene fluoride membrane）。

3. 特异性谱带的检出　印迹在载体上的特异抗原的检出依赖于抗原、抗体的亲和反应。即将酶、荧光素或同位素标记的特异蛋白分别偶联在此特异抗体的二抗上，再分别用底物直接显色、测荧光、放射自显影等方法检出我们感兴趣的抗原。

Western 印迹法的优点主要在于：它能够从生物组织的粗提取物或部分纯化的粗提物中检测或识别几种特异的蛋白质。这一技术的灵敏度达到标准的固相放射免疫分析的水平而又无需像免疫沉淀法那样必须对靶蛋白进行放射性标记。因此要对非放射性标记蛋白组成的复杂混合物中的某些特定蛋白进行鉴别和定量时，Western 印迹法有其独特的优点。此外，由于蛋白质的分离几乎总是在变性的条件下进行，因此溶解、聚集以及靶蛋白与外来蛋白的共沉淀等诸多问题全都无需考虑。

【器材】

电泳仪　电泳转移槽及转移夹　海绵块　滤纸　脱色摇床　PVDF 膜

【试剂】

1. 转膜缓冲液　25 mmol/L Tris，192 mmol/L 甘氨酸，20% 甲醇，pH 8.3。

2. TBS　8 g NaCl，0.2 g KCl，3 g Tris 用 HCl 调 pH 至 7.4，定容至 1 000 ml。

3. 漂洗液（TBST）　TBS+0.5% Tween-20。

4. 封闭液　TBST+5% 脱脂奶粉。

5. 2×SDS 凝胶加样缓冲液　100 mmol/L Tris-HCl(pH 6.8),200 mmol/L β-巯基乙醇,4% SDS,0.2%溴酚蓝,20%甘油。

【操作】

1. SDS-PAGE 按实验 4 进行。

2. 蛋白质分子的转膜

(1) 打开凝胶夹,注意夹的两侧的颜色不同,一侧为阳极面,另一侧为阴极面。

(2) 将 Whatman 3 mm 滤纸、PVDF 膜浸于转移缓冲液中,注意戴一次性手套。

(3) 从下至上(下面为阴极)依次放上:纤维支持垫—两层滤纸—聚丙烯酰胺凝胶—PVDF 膜—两层滤纸—纤维支持垫,然后放入凝胶夹中(下面对着凝胶夹的阴极),电泳时电流从负极到正极。

(4) 转移槽中加入转移缓冲液,加入一个中等大小的磁力搅拌子。

(5) 合紧凝胶夹,放入转移槽中,在转移槽的另一侧放入冷却盒,合上电极槽盖,接通电源,恒压 100 V,转移 50～60 分钟。

3. 封闭暴露　转移完成以后,小心地从凝胶夹中取出 PVDF 膜,将与凝胶接触面朝上,小心置于封闭液中,室温振摇封闭 1 小时。

4. 与第一抗体结合

(1) PVDF 膜中加入根据抗体效价稀释100～1 000 倍的第一抗体,放在摇床上,4℃下缓慢摇动孵育过夜(含有抗体的缓冲液通常可反复使用数次)。

(2) 用 TBST 洗膜 3 次,去除没有结合的抗体,每次 15 分钟。

5. 用第二抗体进行检测

(1) 将膜置于二抗稀释液(1∶2 500～1∶5 000)中,室温孵育 1 小时。

(2) 用 TBST 清洗 3 次,每次 15 分钟。

(3) 用吸水纸将膜上水分吸干后加入发光底物,暗室内 X 线片感光后观察。

【注】

(1) 蛋白质的提取要在低温环境下进行,以抑制蛋白酶的水解作用(可加入适合的蛋白酶抑制剂);尽量除去核酸、多糖、脂类等干扰分子。

(2) 一定要戴手套或用塑料镊子接触膜,避免手上的蛋白和油脂降低转膜效率。

(3) 转膜过程中,尤其是高电流快速转膜时,通常会有非常严重的发热现象,最好把转膜槽放置在冰浴中。